经济管理学术文库 • 经济类

我国雾霾治理的公众参与机制研究

Study on Public Participation Mechanism of Haze Governance in China

陶爱祥　仲风云　刘苏云／著

经济管理出版社

ECONOMY & MANAGEMENT PUBLISHING HOUSE

图书在版编目（CIP）数据

我国雾霾治理的公众参与机制研究/陶爱祥，仲凤云，刘苏云著. —北京：经济管理出版社，2017.11
ISBN 978-7-5096-5488-0

Ⅰ. ①我… Ⅱ. ①陶… ②仲… ③刘… Ⅲ. ①空气污染—污染防治—研究—中国 Ⅳ. ①X51

中国版本图书馆 CIP 数据核字（2017）第 279039 号

组稿编辑：杨国强
责任编辑：杨国强 张瑞军
责任印制：黄章平
责任校对：董杉珊

出版发行：经济管理出版社
（北京市海淀区北蜂窝 8 号中雅大厦 A 座 11 层 100038）
网 址：www. E-mp. com. cn
电 话：(010) 51915602
印 刷：玉田县昊达印刷有限公司
经 销：新华书店
开 本：720mm×1000mm/16
印 张：14.25
字 数：240 千字
版 次：2017 年 12 月第 1 版 2017 年 12 月第 1 次印刷
书 号：ISBN 978-7-5096-5488-0
定 价：58.00 元

前　言

撰写背景

改革开放以来，经过多年的努力，我国经济社会发展取得了举世瞩目的辉煌成就。中国已经成为世界第二大经济体。我国民众的物质生活水平已经获得极大提升。这种情况下，人民群众对于其他方面的需求日益提升。比如优美的环境、清洁的食品、良好的教育和医疗条件等。但这些方面目前还没有达到群众满意的程度。其中，环境问题是人民群众最关心的问题之一，而环境问题中，空气质量又是人民群众感受最深的。根据环境保护部发布的《2016年中国环境状况公报》的数据，2016年，全国338个地级及以上城市中，有84个城市环境空气质量达标，占全部城市数的24.9%，254个城市环境空气质量超标，占75.1%。2591个县域中，生态环境质量为“优”和“良”的县域占国土面积的44.9%，主要分布在秦岭淮河以南、东北大小兴安岭和长白山地区。可见，我国的空气质量总体上处于比较低的水平。

2017年9月，《美国国家科学院院刊》（PNAS）发表了一项研究称，中国北方的供暖政策使得中国北方的大气污染浓度比南方高了46%，空气污染可能会导致心肺疾病死亡。而据研究数据，每立方米中PM10每增加10微克，就会减少0.6年的预期寿命。据此推算，供暖导致的空气污染使得北方人的预期寿命比南方了少了3.1年。由此可见，空气污染已经成为危害人民群众健康的重要因素。

当前我国经济发展已经进入了新常态，经济发展方式由原来的高耗能为特征的粗放型变成现在的低耗能为特征的集约型方式。经济驱动方式也转变为以创新驱动为主。这是适应我国经济社会未来发展趋势的。以习近平同志为核心的党中央回应人民群众的关切，提出了实现中华民族伟大复兴的中国梦的战略构想。党的十八大报告提出，必须更加自觉地把全面协调可持续作为深入贯彻落实科学发展观的基本要求，全面落实经济建设、政治建设、文化建设、社会建设、生态文明建设五位一体总体布局，促进现代化建设各方面相协调，促进生产关系与生产力、上层建筑与经济基础相协调，不断开拓生产发展、生活富裕、生态良好的文明发展道路。中共十八届五中全会强调，实现“十三五”时期发展目标，破解发展难题，厚植发展优势，必须牢固树立并切实贯彻创新、协调、绿色、开放、共享的发展理念。这些科学理论着眼于提升我国经济质量的同时，更加注重环境保护，以提升人民群众的幸福感。

撰写思路设计

这样的背景下，本课题以新常态下我国雾霾治理的公众参与机制作为研究对象，目的是通过课题的研究，认清新常态下我国雾霾污染的规律，总结出新常态下我国雾霾治理的特征，发现新常态下我国雾霾治理中公众参与存在的不足，从而提出相应的对策。课题的研究有利于调动公众参与雾霾治理的积极性和主动性，提升我国公众参与雾霾治理的质量，有利于雾霾治理取得好的成效。

本书主要特色

一是总结出前人在环境保护方面的研究成果，以及学者们对于我国雾霾治理的研究成果。通过这些研究，可以发现我国在雾霾治理方面已经取得的成绩，为后续研究奠定基础。

二是理论与实践相互结合。为了研究我国雾霾治理的公众参与机制问题，需要科学的理论支撑。本书阐述了公众参与雾霾治理的理论基础，包括新公共管理理论、新制度创新理论、循环经济理论、利益相关者理论。通过对相关理论的阐述，为研究新常态下雾霾治理的公众参与问题提供理论支撑。同时本书对于雾霾治理的真实案例进行了剖析，进一步论证了公众参与雾霾治理的必要性。

三是雾霾治理的公众参与机制相关概念界定。由于我国雾霾治理的历史较短，相关的研究处于起步阶段，特别是对于雾霾治理的公众参与机制研究方面的成果更少，相关的概念还没有明确的界定。本书对治理、公共治理、雾霾、雾霾治理、雾霾治理的公众参与等概念进行了界定。通过理清这些概念的科学内涵，有利于以后进行全面科学的研究。

四是科学全面总结了我国雾霾污染的现状、已经在雾霾治理方面取得的成绩，同时总结我国雾霾治理方面的做法及存在的不足。并且对发达国家在雾霾治理方面的做法，以及对于我国雾霾治理有益的启示进行详细阐述。

五是对我国雾霾治理影响因素进行了定量分析。本章运用灰色关联分析法，对我国雾霾污染的影响因素进行分析，找出影响我国雾霾治理的主要因素。研究表明，这些影响因素绝大多数与公众的行为有关，充分说明公众参与雾霾治理的重要性和必要性。

六是提出了雾霾治理的公众参与的动力机制。要使得公众积极主动地参与雾霾治理，必须为公众参与提供持续的动力。本书从公众参与雾霾治理的推力机制、公众参与雾霾治理的拉力机制两个方面阐述如何为公众参与雾霾治理提供源源不断的动力。

七是构建了雾霾治理的公众参与机制。从雾霾治理的公众参与的主体和客体、雾霾治理的公众参与的原则和程序等角度阐述了如何构建公众参与的机制。

八是构建雾霾治理的公众参与的保障机制。从政治保障、组织保障和能力提升保障等角度阐述了雾霾治理公众参与的保障机制，有利于我国雾霾治理的公众参与目标的实现。

本书写作过程中，参考了大量其他著作，特此向所有参考文献的作者表示衷心感谢。由于作者水平有限，写作时间仓促，所以书中错误和不足之处在所难免，恳请广大读者批评指正。

陶爱祥

2017 年 9 月 28 日

目　录

第一章 绪论

第一节 选题背景

当前，我国经济社会呈现快速发展的态势。我国经济总量已经居于世界第二位，但我国的环境质量与经济发展速度并不匹配。在经济总量持续扩大的同时，我国环境质量却不尽如人意。其中空气质量是人们感知最明显的一项指标。美国耶鲁大学发布的《2016 年环境绩效指数报告》显示，我国空气质量在全球处于垫底位置。尽管这一报告未必完全准确，但从人们的直观感知看，我国的空气质量确实有下降趋势。环境质量不高降低了民众的幸福感。根据中国社科院 2014 年发布的《公共服务蓝皮书——中国城市基本公共服务力评价》报告，在调查问卷设计的城市空气质量满意度评价中，得分最高的拉萨是 86.14 分，海口、贵阳则超过 70 分，分别居于第二、第三名。其他经济发达城市排名明显靠后。

以经济发展水平处于全国前列的江苏省来说，环境状况也是不容乐观的。根据《2016 年江苏省环境状况公报》统计的数据，按照《环境空气质量标准》（GB3095—2012）二级标准进行年评价，13 个设区市环境空气质量均未达标，超标污染物为 PM2.5、PM10、臭氧和二氧化氮。其中，13 个城市 PM2.5 均超标；除南通市外，其余 12 个城市 PM10 均超标；苏南 5 个城市、苏中的南通和扬州以及苏北的淮安共 8 个城市臭氧超标；南京、无锡、徐州、常州和苏州 5 个城市二氧化氮超标。2016 年，全省共发生 11 次重污染天气过程，按照江苏省政府发布的《江苏省重污染天气应急预案》，全省共发布蓝色预警 10 次，黄色预警 1 次。这一数据与前几年相比有很大倒退。这说明，经济的增长并没有带来环境质量的自然改善，反而由于过度重视经济发展，忽视环境整治，导致环境质量下降。雾霾天气增多就是环境质量下降的直接表现。

大量的研究表明，空气质量下降导致的雾霾严重污染对经济发展、交通安全、外出旅行体验，对人民群众的身体健康都有非常强的负面影响。世界卫生组织（WHO）的研究表明，2008 年全球有 134 万人死于室外空气污染，2012 年有大约 700 万人死于空气污染。主要原因是空气中的 PM2.5、PM10 等微粒污染（Fine Particulate Pollution）会被吸入肺部，累积于呼吸系统之中，进入血液循环，引发心脏病、肺癌、哮喘、呼吸道疾病，损害肺功能等。因此，它对于老人、儿童和已患心肺疾病的敏感人群，危害相当大。

我国正在全面建成小康社会的道路上快速前进。当前我国经济发展进入新常态，我国经济发展方式由原来的重视资源能源的耗费来换取经济增长的粗放型发展模式，转化为以创新驱动为主的集约型发展模式，我国经济发展在保持量的持续增长的同时，更加重视质的提升。党的十八大提出的生态建设理念，将原来提出的全面小康社会的目标又进行了质的提升，更加强调生态文明建设的重要性。这是顺应我国经济进入新常态背景下，顺应人民群众对美好生活的新期待提出的新的科学发展理念。习近平总书记多次强调，“既要金山银山，也要绿水青山，绿水青山就是金山银山”。在当前世界发展趋势大背景下，在我国人民对美好生活品质要求不断提升的背景下，提升全国环境质量，尤其是治理人民群众感受最深刻的雾霾污染，已经成为全国各级政府和民众的共识。

当前的雾霾治理主要是政府为主，公众参与雾霾治理的措施和途径不足。政府通过行政的、法律的、经济的手段以求雾霾治理。比如召开大型会议期间，临时性实行交通管制，限制某些行业的生产。显然这些手段不具有长期性和可持续性。所以本书力求在中国经济继续保持全球领先的情况下，探讨出一条政府引导与公众参与相互结合的雾霾治理新体制。在公众参与和政府主导的协调作用下，形成雾霾治理的长效机制，实现雾霾治理的科学性和可持续性。这对于中国空气质量的持续改善和人民幸福感的提升有重要的现实意义。本书力求通过科学的分析方法，梳理中国雾霾污染历程，研讨中国雾霾现象出现的原因。在此基础上，结合我国雾霾污染的实际情况，同时借鉴发达国家雾霾治理的经验，提出适合于中国雾霾治理公众参与的思路。

第二节　国内外相关研究综述

一、关于新常态的研究

关于新常态的研究成果主要集中于两个方面，具体分述如下。

一是“新常态”的概念研究。“新常态”一词最早出自2009年初，由美国太平洋基金管理公司总裁埃里安提出。他首次用“New Normal”归纳全球金融危机爆发后经济可能遭受的缓慢而痛苦的恢复过程。2014年5月，习近平主席在河南考察时首次提出了新常态的概念。《人民日报》将新常态归结为三个特征：经济增长速度由高速向中高速转变；增长动力由要素驱动向创新驱动转变；结构调整以挖潜力、激活力为重点。

二是新常态下经济和社会发展的政策、措施研究。学者们从不同侧面和不同角度对新常态下中国经济社会发展的政策、措施进行了探讨。学者们的研究成果主要可以概括如下：探讨新常态下的宏观经济波动、企业家信心和失业率之间的关系（王桂虎，2015）；研究新常态下的中国宏观调控问题及需要采取的措施（刘伟等，2014）；新常态经济时代物流业面临的问题及需要采取的措施（何黎明，2014）；深圳市新常态增长的路径和支撑（唐杰，2014）；经济新常态下出口增长的动力机制（杜威剑等，2014）；新常态下的宏观调控方式，提出要通过市场化改革，提高经济系统效率（刘冰，2015）；社会治理新常态的几个特征（龚维斌，2014）；中国经济新常态下宏观经济调控的政策取向，以及宏观调控的新思路（余斌等，2014）。

还有学者分析了中国经济新常态下的增长潜能，提出新的阶段需要实现中高速增长、内涵式增长和包容性增长相互协调的经济增长（薄伟康，2014）。

总体来看，学者们对中国新常态理论做出了积极贡献，取得了一系列高质量的研究成果。但“新常态”在中国还处于初级阶段，关于新常态经济的理论研究成果还不够丰富。在新常态经济下，各个产业发展都有新的特点，重视新常态经济下各行各业发展特征的研究，有助于丰富新常态理论的研究成果，也可以为实际决策提供理论指导。在新常态经济下，我国的雾霾治理也出现新的特征。重视这些特征，并根据新常态下我国雾霾治理的特征采取相应的措施，对于提升我国雾霾污染治理水平，有重要的意义。

二、关于雾霾治理的研究成果的研究

（一）雾霾污染的现状

有学者分析了中国府际协同治理雾霾的现实困境，如府际协同治理水平仍停留在初级阶段，合作过程缺乏制度化规范，合作治理机构组织化程度较低，缺乏府际合作长效机制（李永亮，2015）。通过研究发现，中国的城市雾霾污染存在着区域差异较大，污染级别较高且逐年加重的趋势（于水等，2015）。有的学者分析了近50年来南京雾霾的气候特征，结果表明，雾和霾可以相互转化，南京地区雾霾多出现在近地风速较小，风向为东南和湿度较大等气象条件下（程婷等，2014）。也有学者从宏观、中观和微观三个层面探讨了碳金融制度对雾霾治理的影响（宋怡欣，2015）。认为中国雾霾治理存在着治理模式落后，治理对象单一，法律规范缺乏，地区协同不足等问题（蓝庆新等，2015）。学者们的研究还表明，中国雾霾形成有普遍性和特殊性。普遍性表现在传统土壤尘、燃煤、生物质燃烧、汽车尾气与垃圾焚烧、工业污染和二次无机气溶胶为凝结核形成雾霾；特殊性表现为中国雾霾形成速度和扩散快、凝结核体积跳跃式和突发性增长。这些与区域微生物种群及土壤、水源严重面源污染密切相关。因此，中国应该以空气环境与生物科学协同努力研究与防治雾霾。远期治本，近期应该标本兼治（顾为东，2014）。

学者们的研究成果表明，我国总体上雾霾污染呈现普遍性趋势，如果不加以重视，雾霾污染程度可能会进一步加深。

（二）雾霾成因的研究

学者们从不同角度对于雾霾成因进行较为全面的研究，取得了一系列理论成果。

1. 法律政策制度方面

有学者从法律角度阐述了中国雾霾存在的原因，认为中国现有雾霾防治法律存在的问题主要表现为：立法理念滞后，政府责任缺失，PM2.5 法律空白，总量控制有待完善等（白洋等，2013）。从哲学角度看，中国城市雾霾的具体成因包括生态系统认知、生态平衡认知、生态自然观认知等方面的缺失（柳玉清，2014）。气候变化因素是城市雾霾天气产生的自然性原因，粗放型的生产方式则是城市雾霾天气蔓延的社会性原因（任保平等，2014）。我国生态文明建设方面存在着利益、行为、制度及激励四个方面的缺失，这也是导致雾霾天气的成因（何爱平等，2014）。童玉芬等（2015）认为，与人类活动相关的污染物排放是雾霾形成的重要原因。城市人口和雾霾之间的关系是双向的。城市人口的增长会导致雾霾现象的加剧，而雾霾反过来会影响城市人口的规模、空间分布等。

2. 产业结构调整和政府治理方面

有学者认为，公众环境行为对雾霾污染程度有显著影响（刘迅，2014）。学者们研究还表明，产业转移、能源结构都是雾霾形成的重要原因（马丽梅等，2014）。对山西省 1961~2012 年的天气状况分析表明，厄尔尼诺现象与雾霾出现有密切关系（王咏梅等，2015）。也有学者认为雾霾发生的原因包括：执政理念偏差引起的对环保的漠视，陷阱对政府行为的锁住效应，地方政府环境保护制度的异化，环境突发事件应急管理机制滞后，地方政府的环保部门治霾的执行力弱化和创新力不足（于水等，2015）。还有的研究表明，产业结构和雾霾污染呈正相关关系，即工业占 GDP 比重的增加会加剧雾霾污染程度；同时城市化进程的推进对雾霾污染具有正向影响；而地区生产总值和雾霾污染显著负相关；贸易开放度与雾霾污染显著正相关；能源消费和人力资本对雾霾污染的影响不显著（冷艳丽等，2015）。通过对城市雾霾的外部成因及对公众的影响的研究可以看出，人均 GDP 和单位 GDP 能耗是显著影响城市空气质量达标天数的因素。而提高公众的责任意识有助于提高公众参与治理雾霾的效率（王彦囡，2015）。城镇化的经济性、人类活动个体行为的利己性的动态变化是雾霾发展空间的基础（陈桂秋，2014）。中国出现的大面积雾霾现象，主要原因在于城市化发展质量严重滞后，具体表现为城市经济结构和能源结构长期不合理、机动车排放控制不力、空气污染防治措施不到位以及城市周边区域发展不平衡（韩文科，2013）。也有学者认为房地产大跃进是导致华北地区空气污染的主因，也是导致华北地区雾霾的主因（刘太刚等，2015）。研究表明，城市面积与雾霾污染程度呈现正相关关系；第二产业占比与雾霾污染程度呈现正相关关系；单位面积机动车量与雾霾污染具有负相关关系，这是因为人口密度大的大城市多有实行机动车限行的措施（冯少荣等，2015）。

3. 发展方式方面

也有学者认为，当前中国的城市雾霾危机与改革开放以来的经济社会发展模式密切相关，也与中国长期以来的政治体制紧密相连（许军涛等，2015）。有的学者总结了大面积雾霾现象的成因，主要包括：污染物排放总量超过了环境可以消纳的阈值，其中根源在于环境排放标准严重偏低；长期积累形成的生态环境系统自净功能丧失，导致空气污染物无法消纳。所以转变发展方式，调整经济结构是治理雾霾的基础（刘强等，2014）。有些学者认为，中国空气污染状况急剧恶化的根本原因在于中国粗放型的发展方式（戴星翼，2013；茹少锋等，2014；吴振磊等，2014）。农业生产过程中粗放型的生产方式是我国粗放型生产方式的典型体现。中国及周边地区秸秆焚烧造成大量的气溶胶粒子悬浮于空中，是造成中国出现持续不同程度的雾霾天气的主要原因（严文莲等，2014）。粗放型的经济发展方式下，工业排放污染物是雾霾形成的直接原因，而机动车尾气对雾霾的形成起到一定作用（周峤，2015）。对于首都圈雾霾天气成因的研究显示，主要是由于空气环流、粗放型的经济生产方式、不合理的能源消费结构、汽车尾气排放过量以及地面扬尘综合作用的结果（张丽亚等，2014）。

城市化的发展是雾霾污染增加的重要原因（宋娟等，2012）。城市化过程中，出现了一系列问题。中国中东部地区产业过度重型化、城镇人口密集度过高、能源消费以煤炭为主以及过多地布置火力发电厂、高密度的汽车保有量与通行量等结构化因素是雾霾集聚的重要诱因（何小钢，2015）。就工业生产而言，湿法熄焦是诱发雾霾天气的主要原因之一（段再明，2011）。工业劳动和资本集聚会加重雾霾污染程度，工业产出集聚则会降低雾霾污染程度，工业效率可以有效降低工业劳动和资本集聚造成的雾霾污染程度，同时，雾霾污染和工业产出集聚均表现出显著的空间溢出效应（东童童等，2015）。工业化和城镇化的发展过程中，各个区域不同程度的燃煤排放、工业污染、机动车尾气、公民环保意识较弱和扬尘增加，增加了雾霾污染的概率（梁玉霞，2014）。能源消耗、机动车污染、城市建设和跨区域传输也增加了雾霾污染的程度（刘晓红等，2014）。有学者探讨了长江经济带城镇化发展对雾霾污染的影响，结果证实城镇化是导致雾霾污染的重要原因（彭迪云等，2015）。

从学者们的研究成果看，雾霾的成因主要包括相关法律滞后、经济发展方式落后、气候异常、城镇化、技术落后等。其中学者们最为关注的原因是相关法律的滞后和粗放型的经济发展方式。

（三）雾霾防治对策

1. 政策制度方面

有学者认为需要运用规划制度、环境标准制度、环评制度、总量控制制度、区域联防制度、预警监测制度等手段，进行全过程监管，以此实现对雾霾污染的治理（白洋等，2013）。也有学者认为应当完善空气污染立法，制定合理的治理规划，建立完善的监管机制来加强对雾霾天气的防治（宫长瑞，2015）。有的学者认为应该通过宏观政策引导城市结构、产业结构以及能源生产结构在区域内部与区域之间的主动调整来推动环境治理，在结构转型中实现经济增长和环境保护的“双重红利”（何小钢，2015）。有学者认为地方政府应该严格控制企业的污染物排放，加快产业结构和能源结构调整，这才是治理雾霾的最根本方法（朱义青等，2015）。金融政策在雾霾防治过程中起到重要的作用。金融政策主要包括：排污权交易，绿色信贷，市政环境债券，雾霾防治责任保险等。雾霾防治的金融政策应该从地区、银行和市场入手，采取不同措施，加强产业引导，改进金融帮扶，培育资本市场（王文华等，2014）。此外，有学者提出中国的雾霾天气更多的是由人为因素引起的，因此需要建立政府间的联防联控机制。这种机制包括纵向上中央政府和地方政府间的关系，同时包括区域内横向政府间的关系。中央政府要建立完善的法律法规和空气质量标准，推动区域合作机制的建立，完善对地方政府的考核体系来转变经济发展方式，地方政府要构建合作平台，协调好彼此之间的利益关系，建立空气污染和雾霾天气预警报告机制，以实现对雾霾天气的有效治理（姜丙毅等，2014）。有学者提出，在治理雾霾的过程中，要权衡集聚、效率和环境之间的关系，同时要重视区域间协调机制的建立，实现共同发展、共同治理的有效模式（东童童等，2015）。

2. 法律方面

有的学者提出实现多主体联动治理机制，法律约束与激励机制以及长效监管机制的有机统一是实现府际协同治理雾霾的有效措施（李永亮，2015）。有学者从法律角度研究如何开展北京市雾霾污染的联防联控。提出建议包括：一要完善立法体系，在修订已有法律的同时，加强区域雾霾防治立法工作；二要优化管理体制，理顺协调机制；三要构建法律制度，保障区域雾霾污染的治理效果；四要创设法律机制，确保各项法律制度的良好实现；五要强化法律责任，做到“有法必依，执法必严”，严惩违法排污行为（李征，2014）。有学者从法律角度探讨了中国雾霾治理的措施（郭方兴，2015）。有学者提出建立雾霾防治的区域联动法律机制（高婧，2015）。

3. 政府治理和经济发展方式调整方面

有的学者认为，要想从根源上解决当前城市雾霾危机，必须综合分析并明确界定各个治理主体的职能（许军涛等，2015）。刘强等（2014）则认为，要转变发展方式，调整经济结构是治理雾霾的基础。而调整能源消费与供给结构，提高环境排放标准，保护生态环境则是治理雾霾的关键。有的学者提出，治理雾霾天气的主要措施是通过技术创新优化产业和能源结构，确立相关环境产权制度和建立区域政府间合作治理机制（郑国姣等，2015）。有的学者研究了京津冀协调发展中的环境治理问题，提出了雾霾治理的对策，包括：坚持以人为本的理念，发挥政府作用，消除雾霾外部性，加快发展新能源产业，促进节能减排工作实施，加强汽车尾气污染治理和加速实现各个地区均衡发展等（樊娴，2015）。

有的学者认为雾霾治理不仅涉及体制改革，也影响到能源结构、产业结构、社会生活等宏观政策调整，短期内对经济持续快速发展会有一定的阻碍作用。因此，治理雾霾应该在不偏离经济建设中心的前提下，避免传统的发展—污染—治理的发展思路，实现雾霾治理与发展经济的动态协调（陈开琦等，2015）。长期来看，改变能源消费结构以及优化产业结构是治理雾霾的关键，短期来看，减少劣质煤的使用则是重要的途径（马丽梅等，2014）。有的学者研究认为，首都圈雾霾防治重点应该放在产业结构调整、加强土地管控和区域联防联控上（张丽亚等，2014）。

通过新型城镇化实现雾霾治理也是学者们提出的一个方向（孟春等，2014）。防治雾霾，应该加强地方政府内部审视，以新的治理形式将环保意愿内化于自身的能力建设，才能有效解决问题，这是学者们提出的另一种思路（于水等，2015）。为此，应该通过转变经济发展方式、优化能源结构等措施大幅度提高城市能源的清洁化率，在发展公共交通、提升油品质量等降低机动车尾气排放的同时，加强联防联控措施（韩文科，2013）。

有学者提出在面积大的城市更应该重视区域间的协调配合以防治雾霾污染，通过产业结构调整，降低第二产业比重，短期内机动车限行是一个有效措施（冯少荣等，2015）。有学者认为治理雾霾的根本方法是摈弃 GDP 考核，避免过度建设拉动的重化工业膨胀及由此引起的排放（戴星翼，2013）。还有学者提出，推进能源结构调整与技术进步才是治理雾霾的根本手段（魏巍贤，2015）。有的学者认为应该利用技术创新对中国的产业结构和能源结构进行优化调整，从而从根本上缓解或消除雾霾天气污染（郭俊华等，2014）。有的学者提出应该加快转变经济发展方式，坚持走新型工业化路线，走环境友好型和资源节约型发展道路（茹少锋等，2014）。有学者提出应该从四个方面提出生态文明建设的路径：协调经济与生态利益，实现主体行为转变，完善生态制度保障以及明确激励方向（何爱平等，2014）。有的学者的观点是，在城市化建设的过程中应该加快推进集约型的城市化道路，构建多途径的城市化道路，建立健康科学的生活方式，提高政府治理城市的能力（吴振磊等，2014）。

学者们提出的雾霾污染治理措施主要包括制定相关法律、转变经济发展方式、建立相关机制、通过经济手段调节比如税收、调整能源结构、加强技术创新等。但现有的研究成果很少提及雾霾治理需要大力吸收公众参与方面的举措。这正是本书重点关注的内容。

（四）关于雾霾损失评估的研究

有学者采用直接损失评估法、疾病成本法和人力资本法等方法，对 2013 年 1 月全国 20 个受到雾霾事件影响的省市数据进行分析，结果显示，期间所报道省市雾霾造成的损失约 230 亿元，损失最大的在京津冀地区，雾霾事件中医院门诊健康终端损失占总损失的 98%（穆泉等，2013）。有学者估算出 2003~2012 年北京市雾霾所带来的社会健康总成本最大超过 800 亿元（曹彩虹，2015）。还有学者测算了雾霾重污染期间北京居民健康受到的影响（谢元博等，2014）。

显然，学者们的研究对我国雾霾污染的认识还不够深化，基本上处于初级阶段。对于雾霾污染导致的损失进行定量研究的成果较少，表明我国雾霾治理还有很长的路要走。

三　关于雾霾治理公众参与的研究

（一）雾霾治理公众参与的主体、作用、路径、措施等方面的研究

有学者提出，目前中国雾霾治理过程中，政府作为唯一主体已经不足以及时解决由此带来的社会负效应。通过公众参与、简政放权实现社会协调治理势在必行，提出了雾霾治理的社会协同治理模型，并提出了具体的政策建议。一是强化

雾霾治理政策体系，二是明确雾霾治理政策的宣传重点和路径。三是制定提升雾霾治理中环保组织地位的政策（储梦然等，2015）。也有学者认为，引入公众参与是解决雾霾问题的有效路径。然而目前公众参与陷入参与意识的规避化，参与效能的离散化，参与途径的非制度化和参与过程的重结果化等困境之中。因此，政府层面要有效利用利益杠杆，拓宽公民教育形式，创新政府实践方式和完善信息公开制度；公众层面则要以培育规则意识和提高参与理念为主（王惠琴等，2014）。

有学者以 PX 项目选址引起的公众网络参与为案例，从网络舆论中的公共意识和意见领袖两个方面分析公众如何参与环境治理（李丁等，2015）。有学者针对新媒体对公众参与雾霾治理的影响提出，应该有效利用新媒体的传播渠道，加强环境信息及科学知识的公开和普及，以此提高环境保护和治理的能力（廖琴等，2016）。也有学者提出了改进空气污染指数的方案，并针对方案中的重点问题进行公众调查。根据调查结果确定公众所满意的方案（刘妍等，2011）。有学者认为随着整个社会对环境保护的日益重视，环境行政权和公众环境权越来越显示出其重要性。其中环境行政权在环境保护中处于主导地位，而公众环境权是一种从属性和补充性权利。但公众环境权也有其独立性的一面，这种独立性构成对环境行政权的有效监督（朱谦，2002）。

有学者提出公众直接参与到排污许可制度的管理中是保护公共利益的重要途径（李挚萍，2004）。还有学者认为，针对目前雾霾治理的难题，单靠政府作为唯一主体已经不足以及时解决由此带来的社会负效应。所以应该通过公众参与、简政放权的方式实现社会对雾霾的综合治理，以保证雾霾治理的成效（储梦然等，2015）。有学者以雾霾污染治理为例，研究了在环境政策制定过程中公众参与和政府决策之间的互动关系，结果表明，需要发挥政府在治理空气污染方面的"拉力"以及公众在空气污染治理方面的"推力"的相互协调（吴柳芬等，2015）。有学者则以雾霾天是否开车为例，分析我国网民的环境意识现状。结果表现，亲身经历过雾霾环境污染事件的人，对该类事件的关注度高，而没有经历过这类事件的人，几乎不关注（谢瑾等，2015）。还有学者认为，网络传播对公民环境素养的影响方面可以发挥很大作用。同时分析了当前网络传播存在的问题，提出网络媒体需要进一步优化自身报道，从维护公民环境权利、引导公民知行合一等方面进行改进（王倩等，2016）。

（二）公众参与雾霾治理法律政策制度的研究

也有学者提出通过建立健全防治公众共用物的治理和善治机制，以防治严重雾霾导致的公众共用物悲剧。要形成“政府主导、市场运作、公众参与”三位一体的公众共用物综合治理机制，制定相应的有关公众共用物的良法是前提（蔡守秋，2015）。有学者研究了在环境政策制定过程中的公众参与和政府决策之间的互动关系。认为现阶段雾霾决策机制具有应急性特点，在执行过程中有各种风险，未来应该注重更加合理的体制机制建设，促进公众与政府之间互动的常规化、制度化和理性化（吴柳芬等，2015）。有学者提出，要修改相关法律特别是《空气污染防治法》，同时应该改革排污费制度，贯彻环境信息公开，以保证公众的参与权（宋晓鸥，2013）。有学者采用 2004~2009 年中国 86 个城市的面板数据分析公众诉求对于城市环境治理的推动机制。结果表明，公众环境关注度越高，空气污染的环境库兹涅茨曲线会更早地跨越拐点，从而进入增长与环境改善双赢的发展阶段（郑思齐等，2013）。有学者提出，公众对于环境保护的有效参与，对于整个环境监督管理体制带来了新的冲击，而这种力量正是有关部门在环境管理模式上进行改革和创新的推动力（张非非等，2006）。

有学者认为，由于雾霾污染具有的时间累加性、空间转移性和污染主体多样性特征，必须突破传统的污染防治方式，采用综合性污染治理模式。这种治理模式应该考虑中央政府统领、各个区域间实现联防联控，并吸收全民参与监督雾霾治理的机制（任保平等，2015）。有的学者分析了当前我国雾霾信息公开过程中出现的问题，提出要更新雾霾信息公开的理念，构建雾霾信息公开的协同和联动机制，设立雾霾信息公开的第三方鉴定机构，以此保证公众知情权，从而有利于公众更好地参加雾霾治理（徐骏，2016）。有学者则认为，要改变雾霾治理过程中公众参与的困境，需要从政府和公众两个层面进行。政府层面要有效利用杠杆，拓宽公民教育形式，创新政府实践方式和完善信息公开制度等；而公众层面则应该将重点放在培育规则意识和提高参与理念方面（王惠琴等，2014）。

（三）具体区域雾霾治理公众参与的研究

有学者以北京为例，探讨运用公众参与型、命令—控制型以及经济激励型工具进行 PM2.5 的治理。结果表明，现有的公众参与型工具发挥效果并不明显，因此建议，要对现有的公众参与型工具进行拓展，以提高其影响力（王红梅等，2016）。有学者分析了北京市运用微信公众平台对部分职工进行雾霾健康知识的调查结果，以了解公众对于雾霾治理知识的掌握程度（张伟等，2016）。也有学者以北京市为例，研究了空气污染的跨区域治理问题。认为为了治理空气污染的跨区域问题，必须建立国家层面的空气污染防治战略，要健全空气污染跨区域治理的利益协调和补偿机制。要构建政府主导、部门履职、市场协调与社会参与相互结合的跨区域合作治理新模式，才能取得应有效果（汪伟全，2013）。

有学者以北京与福州地区民众为例，研究雾霾治理的支付意愿问题（张廷玉等，2016）。有学者则研究了伦敦雾霾治理过程中公众与企业的协调参与机制，并据此得到对我国雾霾治理有益的启示（杨拓等，2014）。

由上述总结的结果看，当前学者们对公众参与雾霾治理方面的研究已经取得了一系列成果。但就目前的成果看，研究成果理论性较强，实践性不高，系统性不强，可操作性略显欠缺。通过系统梳理目前公众参与雾霾治理的实践，总结目前雾霾治理公众参与方面的经验及存在问题，并提出相应的对策是本书重点关注的内容。

第三节　研究思路与研究框架

一、基本思路

本书对我国雾霾污染的情况进行分析，提出雾霾治理的公众参与的观点，具体的研究思路如下：

第一章是绪论，主要阐述本书的研究背景和意义，研究思路和框架，研究方法，研究的创新点，研究的重点难点，前人研究成果综述。通过这些研究，为后续研究奠定基础。

第二章是公众参与雾霾治理的理论基础。本章阐述了新常态下我国雾霾治理的特征，并且阐述了公众参与雾霾治理的理论基础，包括新公共管理理论、新制度创新理论、循环经济理论、利益相关者理论。通过对相关理论的阐述，为研究新常态下雾霾治理的公众参与问题提供理论支撑。

第三章是雾霾治理的公众参与机制相关概念。本章对治理、公共治理、雾霾、雾霾治理、雾霾治理的公众参与等概念进行了界定。通过理清这些概念的科学内涵，有利于下文进行全面科学的研究。

第四章是发达国家的环境保护。本章对国外发达国家环境保护方面的做法进行了总结。主要从环境立法、环境保护政策、环境教育几个方面展开。通过本章研究，有利于从总体上把握发达国家在环境保护方面的做法，有利于我国采取相应的环境保护政策，有利于我国雾霾治理的正确开展。

第五章是国外雾霾治理的经验借鉴。本章对英国和美国在空气污染治理过程中的经验进行了总结，得出对我国雾霾治理的有益启示。

第六章是我国雾霾治理现状分析。本章分析了我国环境保护的现状，包括取得的成就和存在的不足之处，特别是分析了我国雾霾污染的现状，总结了我国在环境保护方面采取的措施。

第七章是我国雾霾治理影响因素分析。本章运用灰色关联分析法，对我国雾霾污染的影响因素进行了分析，便于找出影响雾霾污染的主要因素，为后续提出相应对策提供依据。

第八章是雾霾污染的公众参与现状分析。本章阐述了雾霾治理的必要性、可行性，总结了政府在引导公众参与雾霾治理方面的措施，总结了雾霾治理公众参与方面的不足之处。

第九章是雾霾治理的公众参与的动力机制。包括公众参与雾霾治理的推力机制、公众参与雾霾治理的拉力机制。这两个机制说明了公众参与雾霾治理具有相应的动力基础。

第十章是雾霾治理的公众参与机制的构建。本章介绍了雾霾治理的公众参与的主体和客体、雾霾治理的公众参与的原则和程序。从这几个角度阐述如何构建公众参与的机制。

第十一章是雾霾治理的公众参与的保障机制。本章从政治保障、组织保障和能力提升保障几个角度阐述雾霾治理公众参与的保障机制，有利于我国雾霾治理的公众参与目标的实现。

第十二章是雾霾污染公众参与案例。本章介绍了广东番禺垃圾焚烧发电厂案例和浙江农民抗议环境污染事件案例。通过对这两个案例的分析，剖析当前我国公众参与雾霾治理过程中存在的普遍现象，从实践角度发现我国雾霾治理过程中公众参与的不足，提出相应的建议。

二、研究方法

为了对我国公众参与雾霾治理的情况进行全面深入分析，并提出相应的对策，本书综合运用各种分析方法。

一是文献分析法。通过对雾霾治理、公众参与雾霾治理等相关文献的检索和综合分析，梳理出我国雾霾治理公众参与方面的研究成果和需要努力的方向，为本书研究提供基础。

二是灰色关联分析法。通过灰色关联分析法，可以科学地分析影响雾霾污染的各种因素，找出雾霾治理的重点方向。

三是比较分析法。综合对比国内外雾霾治理的历程，总结发达国家雾霾治理的经验，从中找出适合我国国情的雾霾治理路径。

四是案例分析法。通过对我国雾霾污染公众参与的具体案例分析，发现我国雾霾治理公众参与方面普遍存在的问题，为设计我国雾霾治理的公众参与机制提供相关方向。

五是实地调研法。通过实地调研，得到我国雾霾污染的第一手数据资料，增强中国雾霾污染的公众参与机制设计的科学性。

第四节　研究的创新点

第一，总结出新常态下我国雾霾治理的特征。从与经济的联动性、方式的创新性、治理雾霾的复杂性和长期性几个方面阐述了新常态下我国雾霾治理的特征，有利于对我国雾霾污染的总体情况有准确全面的把握，为后续研究奠定基础。

第二，探讨出影响雾霾污染的基本因素。通过定量方法，研究出雾霾污染影响程度的各种主要因素，使得对于雾霾污染的主要来源有了科学认识，这样有利于采取针对性措施，实现雾霾治理的科学高效。

第三，设计出我国雾霾治理公众参与机制体系。从政府、社会和公众协同角度，设计新常态下雾霾治理的公众参与机制体系，为新常态下的雾霾治理提供一种新的思路。

第二章　公众参与雾霾治理的理论基础

本章总结了新常态下我国雾霾治理的特征，并简述了雾霾治理的理论基础，为后文研究奠定理论基础。

第一节　新常态下雾霾治理的特征

当前我国经济发展进入新常态。在这样的经济发展模式下，雾霾治理出现了新的特征。

一是雾霾污染与经济联动性加强。随着我国经济总量进一步加大，许多地方雾霾污染的程度也在加深，雾霾污染的程度与经济发展水平呈现正相关。长期以来，我国实行的是粗放式经济发展方式。统计资料表明，我国万元 GDP 能耗是发达国家的 4 倍以上。学者们的研究成果表明，经济发展程度高的地方，雾霾污染程度往往更加严重。这说明雾霾污染与经济之间关系紧密。从表 2–1 可以看出，经济总量和烟尘排放量呈正相关关系。

表 2–1　经济总量与烟尘排放量数据

年份	2007	2008	2009	2010	2011	2012	2013	2014	2015
GDP（万亿元）	27.1	32.2	34.8	41.1	48.5	53.9	59.0	64.5	68.6
烟尘排放量（万吨）	986.6	901.6	847.2	829.1	1278.8	1235.8	1278.1	1740.8	1538.0

资料来源：2016 年《中国统计年鉴》。

通过计算 GDP 值与烟尘排放量之间的相关系数可知，结果为 0.75，表明烟尘排放量与经济发展水平呈现同步上升趋势。在经济发展进入新常态的过程中要逐步进行发展方式的转变，从高能耗、高污染的发展方式逐步转变成高效益、低能耗的发展方式，从粗放型向集约型转变。所以雾霾治理必须以科学可行的方式进行，要考虑雾霾治理和保持经济持续健康发展之间的关系，只有两者协调，才能取得好的效果。

二是雾霾治理的方式呈现创新性。经济新常态下，我国经济发展方式也转为以创新驱动为主。这种情况下，雾霾治理的方式必须进行创新，才能适应我国经济发展新常态的需要。新常态下的雾霾治理必须创新机制体制，才能取得应有效果。现有的雾霾治理方式还是传统型的，即先污染后治理。许多地方政府在抓当地经济发展的同时，并没有意识到可能带来的雾霾污染。只有当地雾霾污染非常严重的时候，才考虑到如何进行治理，并且治理的方式比较简单粗暴，这种落后的治理方式产生的代价巨大。许多发达国家曾经走过先污染后治理的路子，结果付出了惨痛的代价。我国当前的雾霾治理方式也较为落后，基本上是政府相关部门在主导雾霾治理，公众参与程度、参与意愿都较低。显然，要使得我国雾霾治理取得明显成效，必须突破既有的思路和方法，以创新引领，形成雾霾治理的新思路和新方法，即注重政府主导和公众参与之间的协同。

三是雾霾治理过程的长期性和复杂性。发达国家雾霾形成的历史和雾霾治理的历史非常长，直到现在依然没有完全消除雾霾污染。我国与发达国家相比，工业化时间不长，雾霾污染的历史没有发达国家那么长，雾霾治理历史更短。我国雾霾治理既不能照搬发达国家先污染后治理的旧模式，也不能完全照搬具体发达国家治理的方法；必须根据我国国情，设计适合我国经济社会发展需要的新的雾霾治理方案，这需要进行反复探索才能形成。这就决定了我国雾霾治理的长期性。只有长期坚持不懈地努力，持续探索我国雾霾形成规律和雾霾治理方法，才能形成一套科学的雾霾治理体系。同时，我国各个区域经济社会发展水平相差巨大，各地自然条件，社会条件也相差巨大，决定了我国不可能形成一套完全适用于所有区域的雾霾治理方案，这体现出新常态下雾霾治理的复杂性。

第二节　公众参与雾霾治理的理论基础

雾霾治理是一个长期的过程，雾霾治理要想取得比较理想的效果，必须尊重科学规律，在科学的理论指导下进行。本章对于雾霾治理的理论基础进行阐述，便于我国根据相应的理论总结出适合我国国情的雾霾治理之策。

一、新公共管理理论

最早提出新公共管理概念的是胡德（Christopher Hood），他将 20 世纪 70 年代中期后英国以及其他经合组织成员国进行的政府改革运动界定为新公共管理运动。按照胡德的观点，“新公共管理”是以强调明确的责任制、产出导向和绩效评估，以准独立的分权机构，采用私人部门管理、技术、工具，引入市场机制以改善竞争为特征的公共部门管理的新途径。

西方学者 P.格里尔、D.奥斯本和 T.盖布勒将新公共管理的基本内容归结为以下几个方面：

第一，政府的管理职能定位。按照他们的观点，政府不是划桨者，而是掌舵者。即政府在公共管理中应该充当指导者而不是操作者的角色。政府应该发挥的是指导功能而不是操作功能。根据这个定位，显然，在雾霾治理过程中，政府要转变角色，避免所有事情全部大包大揽，亲力亲为。要充分调动社会各方面的力量进行污染治理。政府只要扮演掌舵者角色，把握雾霾治理要达到的目标，要采用的手段，制定相应的机制，调动社会各方面共同参与，尤其是调动公众积极参与，政府负责监督和引导，这样才能取得最好效果。

第二，政府的管理理念。政府在管理中要积极采用企业的科学管理方法和成功的管理经验。某种程度上看，整个社会是一个大的企业，所以企业运作中的许多成功经验可以借鉴。政府在公共管理过程中，借鉴企业管理机制，可以取得较好效果。就雾霾治理来说，在政府主导下，采用市场化的运作方式，让参与雾霾治理的企业和个人可以得到经济上的合理收入，就会调动这些组织和个人的积极性，从而达到预期的效果。

第三，政府应该以顾客为导向。在传统思维方式下，政府官员只要对上级负责，政府的主要任务是提供公共物品，因此对服务对象的需要不敏感。新公共管理理念下，政府应该强化顾客导向，以社会公众的需要为政府的奋斗目标。正如习近平总书记所说，人民对于美好生活的向往就是我们的奋斗目标。基于这个理念，雾霾污染治理过程中，应该以社会公众对于优质空气质量的需求为最高工作目标。在此基础上，设立各种科学有效的机制，集中全社会力量共同努力，达到治理雾霾，提高空气质量，增强人民群众幸福感的目标。

第四，将竞争机制引入政府公共管理中。要改变传统的观念，即公共产品的提供者不仅仅依靠政府，因为政府的力量毕竟有限，而民间蕴藏巨大的潜能。所以应该引入竞争机制。设立一种科学的制度，让政府部门和私营部门公平竞争，参与到提供公共产品的行列中。对于雾霾治理，以提供优质空气这样的公共产品，一样需要引入竞争机制。通过科学的竞争机制，引导鼓励私营企业和社会公众参与到雾霾治理的行列中。让参与者在竞争中获得良好的经济效益和社会效益。这样对于整个社会来说，都是最好的选择。

第五，政府应该更加重视产出而不是投入。长期以来，政府通过编制公共预算的方式，体现出在公共产品提供方面的投入，以此显示政府公共服务提升的水平。这种方式显然需要改变。因为，社会公众更加重视的是提供的公众产品的质量，而不是在公共产品上花了多少钱。诚然，一般情况下，公共产品投入越多，产出越好。但有时候，由于政府部门内在考核不够科学、全面，往往以投入代替产出作为业绩考核指标。很显然，许多情况下，高的投入并不代表高产出。要改变这种情况，应该以产出作为公共产品质量标准。比如雾霾治理，不能看一个国家或地区近几年每年投入到雾霾治理中的资金和人力数量，更应该看雾霾治理的成效。确立了新的思路，则有利于政府部门转变观念，建立新的有效的考核体系，从而有利于吸收社会各方面力量投入到雾霾治理中。

第六，实行明确的绩效评估。新公共管理理论要求，明确界定政府部门的绩效，以此衡量政府部门的工作成效。这样做有利于做到权责一致，有利于调动政府部门积极性。有科学严谨的绩效评估体系，对于雾霾治理这样的工作，政府就会不遗余力地调动社会公众力量，从而达到更好的效果。

第七，政府应该广泛采用授权或分权方式进行管理。为了更好地提供公共产品，政府需要分权，让能够提供公共产品的最佳单位参加。比如雾霾治理中吸收公众参与就非常必要。因为许多雾霾污染实际上是公众不科学生活方式的结果。如果积极调动广大公众积极性，让公众有更加科学、便捷的参与渠道和参与方式，对于提升雾霾治理效果大有帮助。所以，需要进一步授权，使得公众能够更加便利地参与（王义，2006）。

二、制度创新理论

创新的概念最初由著名经济学家熊彼特于20世纪初提出。熊彼特认为，创新就是建立一种新的函数，这个函数是描述产品数量随着生产因素的变化而变化的情况。德鲁克将“创新”的概念进行了引申，提出了“社会创新”的概念。按照他的观点，社会创新就是赋予资源以新的创造财富能力的行为。而欧盟将创新的定义表述为：“在经济和社会领域内成功地生产、吸收和应用新事物。它提供了解决问题的新方法，并使得满足个人和社会的需求成为可能。创新不仅是一种经济机制或技术过程，此外还是一种社会现象。”很显然，这些概念都强调创新是获取潜在利润的过程。

制度的概念。到目前为止，并没有关于制度的统一概念。不同学者对制度概念的表述并不相同。制度经济学创始人凡勃伦认为，制度是个人或社会对有关某些关系或某些作用的一般思想习惯。霍奇森认为制度是通过传统、习惯或法律约束的作用力来创造出持久的、规范化的行为类型的社会组织。诺斯认为制度是一系列被制定出来的规则、守法程序和行为的道德伦理规范。显然，学者们都认同这样的观点：制度是约束人们行为的一系列规则。这种规则可以是正式的，如法律规则、组织规章等；也可以是非正式的，如道德规范等。

制度创新的概念。根据诺斯的观点，制度创新是指能够使得创新者获得追加利益的现存制度的变革。它通过改进现有的制度安排或引进一种全新制度以提高制度的效率。比如科技体制改革、管理体制改革、农村土地制度改革、产权制度改革、投融资制度改革等。当现有的制度已经阻碍经济社会的发展，或者不能为未来的经济社会发展提供持续的动力时，需要进行制度创新。

制度创新通常包括几个阶段：

一是组织制度创新。目的是优化现有组织体系，或者新创立一个组织体系，将现有社会群体纳入到更有效的组织中，以提高组织效益和个人利益。这是因为一个科学的组织体系能够有效地凝聚全体成员的力量，集中全体成员的智慧，产生远远超出个体的能量。对于雾霾治理而言，我国目前的雾霾治理除了政府部门外，公众参与程度较低，公众参与的方式落后，缺乏组织性。因此，进行组织制度的创新，能够大大提升我国公众参与雾霾治理的积极性，提升我国公众参与雾霾治理的水平。

二是产权制度创新。将现有的产权制度进行优化，进一步使得产权变得清晰且具有激励性。比如雾霾治理中，清晰界定每个个体的环境产权，有对于本单位环境产权侵害行为进行追究的权利，有利于雾霾治理取得成效。但雾霾具有特殊性，体现在高流动性方面，要界定相应的权利有一定难度，需要采取更加科学的态度进行规范。

三是户籍制度创新。保障公民有迁徙自由，改革现有的户籍制度。只有当公民具有人身的迁徙自由时，才能保证公民选择最适合自己生活的地区，也才能更好发挥公众的潜能。户籍制度的创新有利于激发出我国社会公众最大潜能，对于我国经济社会发展具有重要意义。

四是政治制度创新。以新的规则配置约束与校正人们的行为选择，并使得他们的行为后果构成对制度评价的标准。比如在雾霾治理过程中，规范雾霾治理主体的内涵，赋予普通民众、社会团队以雾霾治理的权限，从政治上保障社会公众有参与雾霾治理的各项权利，有利于大大提升雾霾治理的成效。我国现有的社会团体可以提起公益诉讼就是此类。

五是财政制度创新。保护公民的合法权益，建立一种公民能够享受到国家对社会经济秩序有效保护的制度。比如我国法律规定，私人财产不得侵犯。雾霾治理中，财政制度的创新可以提供更多财政资金来源，有利于增强雾霾治理的成效。

六是社会保障制度创新。良好的社会保障制度可以解除社会成员后顾之忧，让社会公众增强消费信心，从而有力地拉动经济发展。通过社会保障制度的创新，可以提升社会保障水平，提升社会保障质量，有力增强经济发展动力，能够发挥人的潜能。让每个公民有基本的社会保障，有利于社会的稳定，有利于激发人们干事创业的热情，提升民众的幸福感。

七是教育制度创新。教育制度创新，能够提高教育程度，提升公众素质，提升公众参与社会治理的能力和水平。在雾霾治理中，通过创新的教育制度体系，提升公众参与雾霾治理的意识和能力，有利于提升我国雾霾治理的质量。

八是金融制度创新。金融制度创新，有利于发挥金融在经济社会发展过程中的杠杆作用，有利于整个社会经济持续健康发展。对于雾霾治理而言，经过金融制度的创新，能够发挥金融在雾霾治理过程中的作用，提升我国雾霾治理的水平。

总之，我国雾霾治理需要进一步运用制度创新理论，对现有雾霾治理的相关制度进行修改完善，创设出一整套科学的雾霾治理制度体系，这样能够保障我国雾霾治理质量的水平。

三、循环经济理论

循环经济理论经过长期发展，已经形成了比较成熟的理论体系。很多学者对循环经济理论进行了总结。

1. 循环经济概念的产生

1945 年“二战”结束后，一方面，快速的工业化和城市化发展方式使得经济社会得到快速发展，财富快速积累；另一方面，这种以对自然资源最大化利用为标志的生产方式给环境带来巨大压力。这种情况下，人类逐渐认识到，传统的生产方式是不可持续的，由此逐渐形成了“可持续发展观”。这种新的发展观念在 1972 年斯德哥尔摩人类环境会议和 1992 年的联合国环境与发展大会上得到确认。在这种背景下，循环经济理论逐渐产生。循环经济的概念最初来源于肯尼斯·鲍尔丁于 1966 年提出的宇宙飞船经济学。后来，英国环境经济学家大卫·皮尔斯和图奈于 1990 年第一次使用循环经济一词。20 世纪末，循环经济在发达国家逐步发展为大规模的社会实践活动，并形成了相应的法律和制度。许多西方国家一方面通过法律制度对循环经济发展进行规范和约束，另一方面通过经济上的激励和引导来促进资源的循环利用和废弃物的减量化。

我国循环经济理论发展大致经历了三个阶段：第一阶段是萌芽发展阶段（1993 年以前）。这一阶段逐渐认识到生产中减少“三废”的重要性。第二阶段是清洁生产阶段（1993~2003 年）。这一阶段的标志是 2003 年通过的《中华人民共和国清洁生产促进法》，从此，我国循环经济发展进入法制轨道。第三阶段是理念传播与试点阶段（2003 年以后）。这一阶段是循环经济理念逐渐被人们接受的阶段。这一阶段还没有结束，随着人民生活水平的提升和环境保护意识的逐渐提高，循环经济理念日益为社会公众接受，但还没有达到应有的水平。比如实行多年的“限塑令”没有达到期望的效果，垃圾分类还处于初始阶段等。

2. 循环经济的内涵和特征

尽管学者们对循环经济进行了比较深入的研究，但到目前为止，还没有形成统一的关于循环经济的概念。

有学者认为，循环经济是一种生态经济，要求运用生态学规律而不是机械论规律来指导人类社会的经济活动（曲格平，2003）。有学者提出，循环经济强调经济系统与生态环境系统之间的和谐，目的是通过对有限资源和能量的高效利用，减少废弃物排放来获得更多的人类福利（诸大建，2004）。还有学者则认为，循环经济是基于系统生态原理和市场经济规律组织起来的，具有高效的资源代谢过程，完整的系统耦合结构及整体、协同、循环、再生功能的网络型、进化型的生态经济（王如松等，2006）。

有学者将循环经济定义为：以最少的自然资源投入和废弃物排放为目标的经济活动及经济运行关系的总和（黄贤金等，2010）。

综观学者们的观点，本质上都强调生产过程中资源的集约化和减量化，同时减少生产过程中废弃物的排放。

循环经济在我国全面建成小康社会的过程中将会发挥重要作用。循环经济发展实现了从资源—产品—污染的资源消费方式向资源—产品—再生资源的资源消费方式的转变。这种循环不是简单的重复，而是一种螺旋式上升过程，循环经济有几个显著特征：

一是对于生态环境的弱依赖性。传统的经济发展方式对于资源的依赖性很强，比如我国传统能源消耗70%以上来自煤炭，我国石油进口量已经居于全球第一的位置。由于传统生产方式对于资源的这种过度依赖，导致人类社会发展受制于生态环境。而循环经济强调的是以很少的资源投入，通过提升资源利用效率，同时减少废弃物的产生而获得经济增长。这种生产方式对于生态环境的要求较高，体现出对生态环境的低依赖性。这种新型生产方式对于在全球自然资源日益减少、生态环境持续恶化的背景下，如何保持经济持续健康发展具有重要意义。

二是重视资源利用的高效性。传统生产方式对于产出的重视程度很高，对投入的重视程度较低，结果是产出过程中资源能源消耗过高，不仅造成了浪费，还严重污染了环境。比如我国农业生产过程中粗放型的生产方式，导致产量提升的同时，农药化肥使用量居高不下。统计表明，我国生产同样产量的粮食，所使用的化肥是美国的三倍以上。究其原因，主要是我国化肥吸收率较低。统计表明，目前我国化肥、农药利用率仍然偏低，与欧美发达国家相比还有很大的差距，目前，美国粮食作物氮肥利用率大体在 50%。欧洲主要国家粮食作物氮肥利用率大体在 65%，比我国高 15~30 个百分点。欧美发达国家小麦、玉米等粮食作物的农药利用率在 50%~60%，比我国高 15~25 个百分点。我国主要使用大水漫灌的方式进行农田灌溉，不仅造成大量化肥流失，造成大量水资源浪费，而且这些流失到水体中的化肥又对生态环境产生了严重的负面影响。循环经济的建设与发展，强调的是资源投入的减量化，资源使用的重复性，这样可以提高有限资源的利用效率。据测算，化肥利用率提高 2.2 个百分点，可减少尿素使用量 100 万吨，减少氮排放 47.8 万吨，节省 100 万吨燃煤，农民减少生产投入约 18 亿元；农药利用率提高 1.6 个百分点，农民减少生产投入约 8 亿元，同时也利于减少农药残留，保障农产品质量安全，保护土壤和水体环境。可见，循环经济的生产方式有巨大的潜力。

三是行业行为呈现高标准性。循环经济要想达到资源使用的减量化，资源利用的高效化，需要以新的标准为支撑。与传统的生产方式以经济标准为主要标准不同，循环经济发展理念下，对于行业行为不仅需要制定经济标准，还有资源节约标准、生态标准等。这些新的标准既要借鉴国际上的规定，特别是发达国家的标准，也要结合我国国情，制定切合实际的标准，不可能一蹴而就，立刻就达到国际最先进标准。

四是产业发展呈现出强持续性。在循环经济理念下，由于对资源依赖性减弱，更多地依靠先进的技术和先进的管理获得经济的持续增长。特别是在经济新常态下，我国更加强调创新在经济增长中的重要作用。通过持续的技术创新和制度创新，将使得我国循环经济发展具有很强的持续性，可以推动整个社会长期可持续发展。

五是经济发展呈现强带动性。循环经济强调资源的节约、资源的循环。在这种先进的发展理念下，可以实现一个产业带动相关产业发展。比如旅游业实现循环经济带动农业的发展。体育产业与文化产业相互融合带动发展。

3. 循环经济的基本原则

循环经济要想取得应有的成效，必须坚持一些基本的原则。

一是减量化原则。这条原则针对的是生产输入端，旨在减少进入生产和消费流程的物质及能量消耗，从源头减少物质使用量。这需要提高资源能源使用效率，需要先进的技术和管理制度作为支撑。

二是再使用原则。这条原则针对的是生产过程，目的是延长产品和服务的时间强度，尽可能多次或多种方式地使用物品，避免物品过早地成为垃圾。比如我国手机使用过早淘汰现象普遍，我国房产很少达到 70 年使用寿命的，很多房产刚刚建成不久就进行拆迁，造成巨大浪费。相比之下，西方国家高龄建筑，甚至百年以上建筑很多，这就是贯彻再使用原则的体现。如果我国在物质生产的前期就做好规划，确保我国所生产出来的物质财富能够使用足够长的时间，将会大大减少我国资源和能源的浪费。

三是再循环原则。这条原则针对的是输出端，要求通过将废弃物再次变成资源以减少终端处理量。比如通过垃圾分类，可以达到减少最终需要处理的垃圾数量，将会有效解决我国经济发展过程中垃圾过多的现象。现在我国很多城市面临垃圾过多，处理不到位，甚至出现了垃圾围城的现象。如果通过技术创新和制度创新，采用先进的垃圾处理技术，能够达到垃圾变废为宝的目的，这也是循环经济的再循环原则的体现。

循环经济的理论对于我国雾霾治理有非常强的指导作用。我国雾霾治理的过程，就是减少环境污染的过程。在这一过程中，应该贯彻循环经济理论，运用循环经济的几个原则。①减量化原则，要求治理雾霾首先要采取各种措施保障雾霾产生量的降低。比如号召减少私家车上路，严格控制吸烟，在工业生产中安装废气处理装置，改造冬季取暖烧煤，改用电力取暖等。这是从源头上减少雾霾。②再使用原则是增加相关物质的使用期限，避免过早淘汰，形成浪费。对于雾霾治理来说，尽量在保障安全的前提下，延长相应雾霾处理设备的使用寿命，是贯彻再使用原则的具体体现，有利于雾霾治理质量的提升。③再循环原则对于雾霾污染治理来说，就是废弃物的处理。比如要求工业生产企业安装废气回收装置，将废气重新变成资源，则有利于雾霾治理取得更好的成效。

四、利益相关者理论

1984 年，弗里曼出版了《战略管理：利益相关者管理的分析方法》一书，明确提出了利益相关者管理理论。利益相关者管理理论是指企业的经营管理者为综合平衡各个利益相关者的利益要求而进行的管理活动。与传统的股东至上主义相比较，该理论认为任何一家公司的发展都离不开各利益相关者的投入或参与，企业追求的是利益相关者的整体利益，而不仅仅是某些主体的利益。

在此之后，许多学者对于利益相关者的概念进行了探讨，并提出自己的见解。1963 年，斯坦福大学提出了利益相关者的定义："利益相关者是这样一些团体，没有其支持，组织就不可能生存。"这个定义阐述了利益相关者的重要性，只考虑了利益相关者对于企业的单方面的影响，但对于利益相关者究竟包括哪些群体并没有明确的阐述。后来，瑞安曼又提出了比较全面的定义："利益相关者依靠企业来实现其个人目标，而企业也依靠他们来维持生存。"但这一定义依然没有阐明哪些群体可以归入利益相关者的范畴。

此后多年，对利益相关者的定义达到 30 多种。其中最具代表性的定义是弗里曼提出的。他在《战略管理：一种利益相关者的方法》一书中提出："利益相关者是能够影响一个组织目标的实现，或者受到一个组织实现其目标过程影响的所有个体和群体。"这个定义，使得利益相关者的概念得以完善，据此定义，可以比较明确地界定了利益相关者所包含的群体。

利益相关者理论诞生之初，是为解决企业管理中存在的问题的。根据利益相关者的定义，企业的利益相关者通常包括股东、企业员工、债权人、供应商、零食商、消费者、竞争者、中央政府、地方政府以及社会活动团体、媒体，等等。

根据利益相关者理论，企业发展要想取得好的效果，离不开各利益相关者的投入或参与，企业追求的是利益相关者的整体利益，而不仅仅是某些主体的利益。

我国雾霾污染是环境污染的一部分，我国雾霾污染治理要取得期望的效果，也需要参照利益相关者理论。很显然，雾霾治理过程中的利益相关者除了政府，还有企业、社会公众及其他组织。我们应该看到，雾霾的产生过程受各个因素影响。在雾霾治理过程中，也必须认识到，政府、企业和社会公众对于雾霾治理的效果都起到重要的影响；还必须准确界定雾霾治理中各个利益相关者之间的权利和义务，才能设计出科学的制度。特别需要注意的是，公众是雾霾污染的直接感受者，公众是雾霾治理的最直接的利益相关者，所以要使得我国雾霾治理取得应有效果，必须充分发挥公众参与的作用。

本章小结

本章对于雾霾治理公众参与问题研究中所依据的理论进行了阐述。这些理论主要包括新公共管理理论、制度创新理论、循环经济理论、利益相关者理论。每个理论对于雾霾治理的公众参与都有很强的指导意义。新公共管理理论从政府管理功能的角度提出，要转变政府的管理职能，积极吸收公众参与，才能取得公共治理的成效。对于雾霾治理而言，就是要充分发挥社会公众的力量，吸收公众参与到雾霾治理的过程中。制度创新理论要求通过制度创新，释放雾霾治理过程中的活力，调动公众的潜能，以促进雾霾治理成效的提升。循环经济理论要求从源头上采取措施，减少雾霾的产生。利益相关者理论提出，雾霾治理过程中，应该注意到政府、企业、社会公众是利益相关者，任何一方不可能通过单独的行动就取得雾霾治理的成效。需要各个利益相关者的配合，特别是在政府主导下，应该积极调动公众的力量，才能取得雾霾治理的明显成效。

第三章　雾霾治理的公众参与机制相关概念

为了使雾霾治理的公众参与能够取得应有的成效，达到预期的目标，需要对雾霾治理的公众参与过程中的相关概念进行界定。

第一节　治理与公共治理

一、治理的概念

当前，随着对治理概念的关注度越来越高，人们迫切需要对治理的概念进行清晰界定。到目前为止，许多学者对“治理”的概念给出了自己的定义，但学者们给出的定义各不相同。在有关治理的各种定义中，全球治理委员会的表述具有很大的代表性和权威性。该委员会于 1995 年对治理作出如下界定：治理是或公或私的个人和机构经营管理相同事务的诸多方式的总和。它是使相互冲突或不同的利益得以调和并且采取联合行动的持续的过程。它包括有权迫使人们服从的正式机构和规章制度，以及各种非正式安排。而凡此种种均由人民和机构或者同意，或者认为符合他们的利益而授予其权力。

有学者提出，治理有四大特征：一是治理不是一套规则条例，也不是一种活动，而是一个过程；二是治理的建立不以支配为基础，而以调和为基础；三是治理同时涉及公、私部门；四是治理并不意味着一种正式制度，而是有赖于持续的相互作用（俞可平，2000）。

本书认为，所谓治理是指各种相关机构按照自己职能，管理相关事务的诸多方式的总和。本书认同俞可平提出的治理的四大特征的阐述。

二、公共治理

公共治理是由开放的公共管理、广泛的公众参与二者整合而成的公域之治理模式，具有治理主体多元化、治理依据多样化、治理方式多样化等典型特征。公共治理是针对公共事务而言的。所谓公共事务是指该社会的统治阶级为了把社会控制在"秩序"范围内，为推动社会发展所进行的满足社会成员共同需要与要求的一系列社会活动。公共事务从广义上看，它可以被定义为组织的所有非商业化行为；从狭义上说，公共事务指的是组织涉及的政治活动及其与政府的关系。

公共事务具有阶级性、公益性、多样性和层次性的特征。阶级性指公共事务反映出统治阶级的要求。主要表现为政治行动，包括加入政治行动委员会、政治教育、基层性团体活动。公益性指公共事务表现为公共物品和公共服务，具有非排他性的特点，比如国防、环境等。多样性是公众对公共事务的要求差别很大，比如有人喜欢安静的环境，有人喜欢热闹的环境，有人希望政府多兴建汽车道路，有人希望政府多保留自行车道路。层次性指公共事务是针对不同层次的公共问题，如全国性事务和地方性事务等。

第二节　雾霾治理的概念

一、雾霾的概念

随着我国雾霾现象的频发，社会公众对雾霾污染所引起的危害日益重视，人们对于治理雾霾污染的需要日益迫切。要更好地治理雾霾导致的污染，首先必须对雾霾的相关概念和知识有基本的了解。

雾霾，是由雾和霾组成的。雾是由大量悬浮在近地面空气中的微小水滴或冰晶组成的气溶胶系统。多出现于秋冬季节，是近地面层空气中水汽凝结（或凝华）的产物。雾的存在会降低空气透明度，使能见度恶化，影响人们日常生活，主要是交通等。

霾是飘散在空气中的悬浮颗粒，这些颗粒通常包括灰尘、硫酸、硝酸、有机碳氢化合物等粒子，这些粒子也能使空气混浊，视野模糊，并降低能见度。这些颗粒含有毒性。这些有毒颗粒来源主要有：

一是汽车尾气。以北京市为例，统计表明，北京雾霾颗粒中机动车尾气占22.2%，燃煤占16.7%，扬尘占16.3%，工业占15.7%。

二是烧煤供暖产生的废气。每年冬季，北方雾霾发生率明显上升，主要是因为冬季燃煤产生的废气。

三是工业生产排放的废气。

四是建筑工地和道路交通产生的扬尘。近年来，我国各地兴起房地产热，加上大量新建工业厂房，导致建筑扬尘急剧增加，同时车辆保有量大幅上升，导致烟尘污染呈现上升趋势。

五是可生长颗粒物。比如一些微生物附在油烟颗粒上，会产生更多微生物，由此带来更多有毒微生物。

六是家庭装修中产生的粉尘。

二、雾霾治理的概念

目前，我国政府非常重视雾霾治理，但对于什么是雾霾治理，并没有清晰的界定。本书认为，雾霾治理是一个过程，雾霾治理的过程就是减少雾霾污染的各种措施实施的过程。雾霾治理的主体是政府，同时也包括社会各方面，比如企业和社会公众。

现有的雾霾治理主要是以政府为主体，由政府制定各种控制和减少雾霾产生的制度与政策，政府负责监督执行，企业和社会公众进行配合。显然这种以政府为主导的雾霾治理概念有不科学之处。需要树立更为科学的雾霾治理观念。要让全社会都认识到，雾霾治理不仅仅是政府的事情，而是全社会所有主体都必须参与的事情。换言之，政府、企业和社会公众都是雾霾治理的主体。只有理清雾霾治理的概念，准确把握雾霾治理主体的内涵，才能更好地进行雾霾治理工作，保障我国雾霾治理取得积极效果。

第三节　雾霾治理的公众参与

一、公众参与的概念

（一）公众参与的概念

目前对于公众参与的概念并没有形成统一的标准。不同学者有自己的看法。所谓公众参与，是指具有共同利益和兴趣的社会群体对政府设计公共利益事务决策的介入，或者提出意见和建议的活动。这个概念主要侧重于公众角度（蒋春华，2011）。

普遍的观点认为，“公众参与”是一种有计划的行动；它通过政府部门和开发行动负责单位与公众之间双向交流，使公民们能参加决策过程并且防止、化解公民和政府机构与开发单位之间、公民与公民之间的冲突。这个观念从不同参与主体直接的关系角度进行界定，具有普遍接受性。

公众参与的内容可以分为三个层面：第一是立法层面，如立法听证和利益集团参与立法；第二是公共决策层面，包括政府和公共机构在制定公共政策过程中的公众参与；第三个层面是公共治理层面，包括法律政策实施，基层公共事务的决策管理等。

著名学者谢里·安斯坦把公众参与分为八个阶梯，从低到高分别为：操纵、治疗、告知、咨询、展示、合作、权力转移、公民控制。综观我国公众参与的程度，可以看出，我国的公众参与最多只是停留在前四个阶段，还不是真正意义上的公众参与。

本书理解的公众参与是指公众通过自己的主动行为，在相关法律法规范围内，行使自己的参与权，保障公共事务管理的效果的行为。

（二）公众参与的方法

关于公众参与的方法，学者们提出了许多观点，总括起来主要有以下几种。

一是信息交流。信息交流包括提供信息和收集信息。信息交流的方法包括信息包、小册子、传单、情况说明书、网站、展览、电视和广播、调研、问卷调查、焦点小组（Focus Groups）等。对于雾霾治理的公众参与来说，公众通过各种渠道进行信息的交流，能够获取雾霾污染及治理行动方面的相关信息，便于做出后续的行动。

二是咨询。咨询意思是通过某些人头脑中所储备的知识经验和通过对各种信息资料的综合加工而进行的综合性研究开发。咨询通常针对更加具体的计划和政策，让公民参与其中、各抒己见，而不是像调查一样做各种选择题。咨询的方法包括研究、问卷、民意调查、公共会议、焦点小组、居民评审团等。

雾霾治理过程中，公众可以参与相关政策的咨询。比如进行相应的调查问卷设计和填写，进行相应的民意调查，组织雾霾治理的相关公益性会议，组织某个区域的居民代表组成居民评审团对本地区雾霾治理的相关政策和措施以及治理成果进行评审并提出相应的建议等。

三是参与。参与的形式是互动工作小组、利益相关人的对话、公民论坛和辩论等。在雾霾治理过程中，公众可以与产生雾霾的主体进行对话，以表达自己的观点。比如与本地雾霾污染较为严重的企业进行对话，了解这些企业雾霾污染引起的原因，这些地区雾霾污染治理采取的措施，存在的问题等。与当地居民互动，了解当地居民对于雾霾污染的认识，了解当地居民在雾霾污染中起到的作用等。

四是协作。协作是让公众积极参加、同意分享资源并做出决定。协作参与的方法是顾问小组（Advisory Panels）、地方战略伙伴和地方管理组织等。雾霾治理过程中，公众与其他主体合作，从事雾霾治理工作。比如与当地政府合作，充当环保志愿者，积极协助地方政府参与雾霾治理工作，如查处建筑工地施工过程中防尘设施的运作情况等。

五是授权决策。授权决策是参与的最高阶段，是一种权力从其掌控者手中转移的合作参与形式。决策者与参与者交换各自资源和意见，使原本的参与变成了由决策者与参与者共同做出决策。参与的方法是地方社团组织、地区座谈小组、社区合作伙伴。如相关的环保民间组织经过政府授权，可以进行环境公益诉讼。

（三）公众参与的原则

公众参与的三个必备条件和八项原则。

三个条件是：①信息公开。只有信息公开，公众才能了解相关具体情况，公众参与才有基础。②利害相关人的参与。对于雾霾治理而言，政府、企业和社会公众都是利益相关人，需要这些相关人的共同参与，才能取得好的效果，特别是公众这个群体的参与，意义重大。③反馈。只有公众咨询的信息活动有足够的反馈，才能知道公众参与的成效，存在的问题，才能调动公众积极性。

八项基本原则是：包容性透明、公开、尊重允诺、可达性、有责性、代表性、相互学习、有效性。这几项原则能够保证公众参与的科学性、全面性和有效性，也有利于公众参与的积极性。

二、雾霾治理中的公众参与

我国雾霾治理过程，不仅需要政府起到主导作用，更要发挥公众的积极作用。雾霾治理过程的公众参与，就是充分发挥公众在雾霾治理中的主动性、积极性和创造性，使得公众能够主动采取各种措施，通过各种途径有效地参与到雾霾治理过程中的一切活动。雾霾治理中的公众参与注重政府政策与公众意愿的一致性，注重政府工作与公众参与行动的协调，这样才能取得积极的效果。雾霾治理过程中的公众参与，需要政府的指导，相关的政策法规支持，但政府不能代替社会公众做出决策。

为了使得我国雾霾治理取得实实在在的成效，避免雾霾治理过程中出现以前环境污染治理过程的“一阵风，走过场”的现象，需要对雾霾治理设计一条严格科学的机制。其中，雾霾治理的公众参与机制是重要的组成部分。

本书认为，雾霾治理的公众参与，是为了保证雾霾治理取得显著成效，而在公众参与方式、参与渠道、公众参与所具备的素质等方面设计的一套科学的机制，以确保雾霾治理的公众参与的效果。这套科学的体系应该在政府主导下，充分发挥公众的主观能动性，集思广益，才能做到科学高效。

本章小结

本章对于新常态下雾霾治理的公众参与过程中相关概念进行了阐述。这些概念主要包括：治理、公共治理、雾霾、雾霾治理、公众参与、雾霾治理的公众参与。目前，许多学者对于其中一些概念进行了较为详细的阐述，比如治理、公共治理、公共参与等。但是对雾霾治理、雾霾治理的公众参与的概念，很少有学者对其进行专门的科学阐述。本书对于雾霾治理和雾霾治理的公众参与的概念进行界定，有利于科学界定本书研究范围，有利于得到科学的结论。

第四章　发达国家的环境保护

本章对发达国家环境保护方面的做法进行阐述。通过总结发达国家在环境保护方面的经验，对于促进我国环境保护工作顺利开展，从而提升环境保护质量，具有积极意义。

第一节　国外发达国家的环境保护

一、环境立法

发达国家非常重视从立法层面进行环境保护的工作。日本是一个经济高度发达的国家，历史上日本曾经深受环境污染之害。“二战”前，日本开始步入工业化时期，工业污染逐渐显现。“二战”后，日本经济进入持续20多年的高速发展时期，这一时期，日本经济规模日益扩大，人民生活水平迅速提高，但是环境污染问题越来越引起社会公众的关注。20世纪五六十年代日本发生的著名的“四大公害”事件，就是环境污染严重的突出表现。其中1956年发生在熊本县水俣湾的水俣病，1964年发生在新潟县阿贺野川流域的第二水俣病，原因都是有机汞导致的水污染；1960~1972年发生在三重县四日市的哮喘病，原因是硫氧化物导致的空气污染；1910~1970年发生在富山县神通川流域的痛痛病，原因是镉造成的水质污染。可见，“四大公害”的发生与环境污染息息相关。有鉴于此，日本政府响应民众的诉求，逐渐将环境保护立法提上重要议事日程。

早在1967年，日本政府就制定了《公害对策保护法》，1968年又制定了《空气污染防止法》和《噪声规制法》。20世纪70年代开始，日本政府又相继制定了

《水质污浊防治法》、《废弃物处理法》、《海洋污染防止法》、《关于废弃物处理和清扫的法律》、《公害防止事业费事业者负担法》和《公害纠纷处理法》等法律。这些法律法规对于推动日本消除环境污染所导致的公害起到了积极作用。但是从20世纪90年代开始，日本环境保护步伐逐渐放慢，由此导致环境污染有回潮之势。为了应对环境问题逐渐恶化的趋势，1993年，日本国会通过了《环境基本法法案》，这一法案是在前有法案基础上的修改，为日本的环境保护提供了法律保障（刘昌黎，2002）。

这一法案有几个基本特点：一是确立了环境保护的观念，即环境恩惠的享受和继承；减少经济社会发展中的环境负荷；依靠国际合作推进环境保护。二是规定了环境法的基本制度，规定政府必须为推进环境质量提升而制定关于环境保全的基本计划，并将此计划确定为国家的法定计划。三是确立了国家在制定和实施有关环境方面的政策时，必须考虑对于环境的影响。四是规定国家在制定降低环境维护的措施时，需要考虑经济上的措施，以减少对经济的影响。五是明确规定要推进国际合作以保护环境。

1996年，日本又制定了《环境影响评价法》，该法不仅扩大了环境评价的对象，而且在评价方法方面增加了征求各方意见的社会评价机制，扩大了居民和环境厅长官的发言权，在评价依据方面也增加了原始资料记载的内容。新的评价方法更加重视灵活性，要求企业发挥主导作用，事先制定出减轻环境压力的事业发展计划，这样可以防患于未然，有效减少环境污染的发生。

在环境立法领域，德国也达到了很高的水平。从20世纪60年代开始，德国政府根据本国环境保护的需要，先后制定了《废弃物处置法》、《联邦水管理法》、《空气污染控制法》等相关环境法律。

德国的环境立法体现出三项主要原则：一是预防原则，在法律活动中明确要求对于环境污染不是单纯消除损害，防止危险和赔偿损失，而在危险与损失没有发生之前，采取必要的措施防止危险出现，或者即使危险无法避免，也要将其减少到最低的限度。二是污染者承担原则，简单地说就是由造成环境污染者承担责任。三是合作原则，就是要动员社会一切力量，共同努力，来减少环境污染的发生，减轻环境污染所带来的危害（胡岩，2014）。

德国的环境立法具有明显的行政色彩，以政府对于企业排污的监管为主要内容，责任的承担形式也是以行政处罚为主。随着环境侵权案件不断增加，法官发现在审理环境侵权案件时，出现了环境法和侵权法交叉的现象。为了解决日益增多的环境赔偿案件中出现的问题，德国政府于1991年出台了《环境责任法》，主要目的是解决环境损害赔偿案件中当事人举证难的问题。主要内容包括：一是设备危险责任，规定了设备运营人因为使用某些特定设备所应该承担的责任，主要是无过错责任。二是因果关系推定制度，规定使用设备是否为导致环境污染所必须具备的推定条件。三是受害人的知情权的保护制度。2010年，德国政府又通过了《水资源管理法》、《自然生态保护法》、《非离子放射防护法》、《环境法规清理法》。这些基本法律的颁布，进一步完善了德国环境保护立法体系。

美国的环境立法始于19世纪末期，但在1970年以前，美国并没有一部全国通行的全国性的环境保护法律。这是因为，美国《宪法》规定，州以及地方政府是环境保护的主力，所以各州和地方政府根据本地环境保护的实际情况，制定了一系列地方性环境保护法规。从20世纪30年代到60年代，美国经济高速发展，地方性的环境保护法律已经不足以应对日益严重的环境污染问题。因为环境问题具有全国性特征，不会局限于局部地区。比如污水、废气都是流动的，会流动到其他区域。在这种情况下，局限于一个地区的环境保护法律法规就不再适用。环境保护各自为政的做法已经变得越来越不可行。因此，迫切需要制定一系列全国通用的环境保护方面的法律。

为此，1969年和1970年，美国政府先后通过了两部重要的环境法律：《国家环境政策法》和《清洁空气法》。这两部法律从联邦政府的层面，实施环境污染的依法治理。其中，《环境政策法》是世界上第一部最简短同时具有划时代意义的环境保护法律。这部法律规定了立法的目标、原则；规定联邦政府各个机构环境的管理权限；同时规定了该法律在环境保护中的最高位置。为了更好地贯彻环境保护的法律，联邦政府专门成立的联邦环保局，联邦环保局被授权管理全国的环境治理问题，制定适用于全国的环境保护的法律实施细则。后来，为了适应形势发展需要，联邦环保局将一些权力进行下放，授权各州和地方政府可以进行一些涉及本地环境保护问题的管理。

为了使制定出来的环境保护方面的法律科学可行，美国政府非常重视环境立法前的评估环节（郑雅芳，2015）。环境立法前评估主要运用两种方法。一是利益分析法，通过分析法律涉及的主体利益，明确各方合理需求，拟订可以满足不同主体需求的法律方案，通过比较分析，得出最优方案。二是成本分析法，就是预估某个方案实施后可能产生的成本和效益，力求做到立法达到成本既定情况下的利益最大化，或者利益既定情况下，成本最低。

综观发达国家环境立法的经验，可以得到一系列启示。

首先，一国政府必须提高对环境的认识，加强对环境保护的重视。只有提高了对环境的认识，明确环境保护对经济社会发展，对人民身心健康，对人民对美好生活的期盼的重要性，才会将环境保护置于最高位置，才能制定出合乎本国国情的环境保护方面的法律。

其次，一个国家制定的环境保护方面的法律，必须考虑本国国情和时代特点。综观德国、日本和美国所制定的环境保护方面的法律，都是从各自的国情出发，从本国经济社会发展的阶段出发，制定出适合本国，本阶段发展所需要的法律。我国当前正处于全面建成小康社会的关键阶段，经济发展速度较高，但依然没有从根本上改变粗放型的生产方式。为了适合我国经济结构转型的需要，适应我国建设生态社会的需要，应制定出符合我国当今时代特点的环境保护方面的法律法规，才能使我国的环境保护取得应有成效。

最后，制定环境保护的法律一定要做到全面和局部结合。对美国而言，既有全国性的环境保护法律，有全国性的环境保护机构，也有各个州和地方政府层面的环境保护的法律和相关执行机构。我国地大物博，各地经济发展水平不一致，甚至有的地方差距较大。所以我国环境保护方面的法律，既要有全国统一使用的环境保护法，也要鼓励各个地方政府根据本地实际情况，制定适合本地具体情况的地方性环境保护法规。只有这样，上级和下级互相配合，才能取得满意的环境保护效果。

二、环境保护政策

政策是国家为实现一定的政治、经济、文化等目标任务而确定的行动指导原则与准则。通过制定政策，以确定行动的目的、方针和措施。政策是人类社会发展到一定阶段——阶级社会的产物，具有鲜明的阶级性，是社会上层建筑的重要组成部分。政策具有普遍性、指导性和灵活性的特征。环境政策是一个国家保护环境的大政方针，直接关系到这个国家的环境立法和环境管理，也直接关系到这个国家的环境整体状况。与环境保护法律相比，环境保护政策更加广泛，更加灵活，更加注重原则性。

西方发达国家在制定环境保护方面的法律的同时，重视通过一系列科学的环境保护政策，提升环境保护水平。以下对典型发达国家的环境保护政策进行阐述。

美国的环境保护政策比较完备，是在相关法律框架内制定的可操作性的政策举措。美国的环境保护政策包含多个方面。这里仅举出几个例子予以说明。

一是农业环境保护政策。美国农业从业人口占比很低，只占全国总人口的3%左右，但是美国政府非常重视农业环境保护政策的制定和实施，因为农业环境是整个环境体系的重要组成部分，并且农业污染占整个环境污染比重很高。美国农业环境政策主要包括几个方面：土地休耕项目、在耕地项目、农业用地维护项目及保护技术援助项目。土地休耕项目通过政府财政支持，鼓励和要求农场主加强对休耕土地的保护。比如，政策规定，如果农场主要将草地转化成耕地，必须将土壤侵蚀程度降低到可以容忍的水平。在耕地项目通过政府财政支持，鼓励农场主对于在耕地采取环境友好型措施，以持续提高耕地环境质量。农业用地维护项目主要通过购买农地发展权的方式限制农业用地向非农业用地流转。这种方式可以间接保护农地，让农地保留原来的用途，避免被挪用。保护技术援助项目，主要是政府通过向私人土地所有者、部落、地方政府等机构提供技术性的援助，以帮助其保护、维持、改善自然资源状况（王世群，2010）。

二是环境保护的公众参与政策。美国联邦环保局于1981年制定了《美国环保局公众参与政策》。所谓“公众参与”是指公众参与环保局工作的全部行动和过程。这里的“公众”所指的主体极其广泛，包括了可能在机构决策中存在利益关系的任何人，既包括普通民众，也包括组织，比如一些商业组织、非政府公益组织、新闻媒体、劳工组织、宗教机构等。凡是认为与环境保护有联系的，都自动成为“公众”的一员。制定该项政策的目的，主要是改善环境决策，提高决策效率和可行性，同时也是履行对社会的承诺。

公众参与政策鼓励和支持公众参与，主要通过几个方法和渠道进行。第一，保障公众早期参与并贯穿参与的全过程；第二，保障与公众直接的顺畅交流；第三，保障公众参与到政策的制定过程中，并认真倾听他们的观点；第四，加强与各方利益主体直接的联系（王曦等，2014）。

三是美国的调水工程环境保护政策。美国西部地区多干旱缺水，这种情况严重影响西部地区经济社会发展和人民日常生活。美国政府自19世纪起兴建一批调水工程，将东部地区充沛的水资源调往西部。很显然，在调水过程中，不可避免地产生环境污染问题。为了解决这个问题，美国政府在法律框架内制定科学严格的调水政策。联邦政府和各地州政府根据每一项调水工程的具体情况，综合考虑调水工程对当地经济、社会、生态环境的影响，制定相应政策，进行统一规划、综合评价和科学管理，做到调水工程的经济效益、社会效益和环境效益的统一（黄德林等，2011）。

日本政府在进行环境保护工作时，非常重视政策和制度建设。日本环境政策转变经历了几个阶段，体现出不同的发展理念。20 世纪 60 年代针对“四大公害”所带来的危害，政府环境政策的重点主要放在环境污染的治理和赔偿方面。所以，这一阶段，政府制定的环境政策、基本环境计划、排放标准等，都是从环境治理和损害赔偿角度出发，涉及环境危害的预防方面的政策基本没有。

20 世纪 70 年代，日本政府环境政策逐渐从环境灾害治理向环境灾害预防控制方面转移。政府制定相应的产业政策，进行产业结构调整，将原有的资源密集型产业逐渐向技术密集型产业过渡，这样从源头上减少生产过程中资源能源的消耗，可以有效降低生产中出现的环境危害。

20 世纪 80 年代，为了应对日本二氧化碳排放量日益增多的事实，政府制定了“阳光计划”和“月光计划”，前者以开发新能源为中心，后者则侧重于节能。进入 21 世纪，日本政府环境政策理念进一步提升，政府提出以循环经济的发展理念代替原有的线性经济发展模式。为此，政府制定新的产业政策和环境保护政策。

韩国的环境保护政策体现出以下几个特点：

一是将经济发展和环境保护结合，体现出综合性。比如韩国政府根据颁布的《环境农业培育法》，制定相关政策，要求将工业、农业发展同建设环境亲和型产业结构相互结合。韩国政府的环境保护政策辅之以交通、能源、环保技术、环保产业、社区发展、城市规划等方面的政策，是各种政策的综合体，以此产生综合的环境保护效益。

二是重视环境保护的全面参与。韩国政府制定的环境保护政策，非常重视全体国民在环境保护中起到的主体作用。从环境保护政策的制定过程中，积极吸收公众的意愿，使得制定出来的政策符合公众的需要。执行过程中，非常重视公众参与，制定一系列吸引、鼓励公众参与环境保护的政策，使得环境保护政策真正起到明显的效果。

三是重视环境保护的国际合作。韩国制定一系列政策，加强同其他国家在环境保护方面的合作。比如，中国与韩国合作防治酸雨；韩国与日本合作，探讨相关环境技术，环境政策的制定。

欧盟的环境政策经历了几个阶段。一是萌芽阶段（20 世纪 50~70 年代），这一时期，欧洲国家经济发展迅速，随之而来的是越来越严重的环境污染，特别是工业污染。但这一时期，各国政府以及社会公众对于污染的看法不是侧重于预防，而是侧重于控制和治理。人们认为，通过加强控制就可以解决环境污染问题。所以这一阶段，基本上没有明确的环境保护政策。

二是环境政策的初步形成阶段（1972~1987 年）。1972 年，联合国人类环境大会在瑞典斯德哥尔摩举行，这次大会结束后，发表了具有广泛意义的《人类环境宣言》。这一宣言的发表，唤醒了人们的环境意识，1973 年，欧共体理事会通过了《欧共体第一个环境行动计划》。在这一计划中，明确提出环境政策的目标，即提高人们生活质量，改善环境和人类的生存条件。此后，欧共体理事会又于 1977 年和 1983 年分别通过了两个环境行动计划，对于环境政策进行进一步完善。

三是环境政策发展阶段（1987~1992 年）。1987 年《单一欧洲法》生效，1992 年《欧洲联盟条约》得以缔结。这一阶段，欧共体及其成员国非常重视环境保护政策中的经济手段，力求通过经济方面的政策影响环境保护的效果。比如，制定环境协议，征收环境税等政策。

四是可持续发展阶段（1992 年以后）。这一阶段，欧盟各国深刻认识到，环境问题不仅事关一国的当前经济社会发展，而且事关全人类长期可持续发展。该阶段政策主要表现是：将可持续发展以法律形式固定下来，在此基础上制定相应的环境政策；将环境行动计划作为可持续发展战略；采取多种环境政策手段，促进环境保护形成综合性效果；在各个部门政策制定中融入可持续发展的内容。

可以看出，各个国家、各个组织制定相应的环境保护政策时，都非常重视根据本国、本组织经济社会发展的实际情况，根据国际上对于环境保护的发展趋势要求，制定相应的环境保护政策，这样才能取得应有的效果。我国的环境保护政策也应该遵循这一思路。

三、环境教育

环境教育是以解决环境问题和实现可持续发展为目的，以提高人们的环境意识和有效参与能力、普及环境保护知识与技能、培养环境保护人才为任务，以教育为手段而展开的一种社会实践活动过程。通过环境教育，可以让人们认识到环境污染带来的危害，认识到哪些因素导致环境污染，采取哪些措施可以降低环境污染程度，个人在减少环境污染方面可以有哪些作为，等等。西方发达国家非常重视环境教育在环境保护方面的作用。

（一）德国的环境教育

德国的环境教育的特点主要体现在几个方面：

一是注意从儿童抓起。人们普遍达成一种共识：要使得社会环境得以持续改善，就应该从儿童抓起，抓好环境教育，让儿童从小养成环境保护意识，提升参加环境保护的能力和自觉性。从一年级入学起，学生书本醒目位置突出环保主题，有装帧精美的环保图片，让学生们从小形成一种意识，良好的环境需要珍惜。平时学生执勤也会列入环保内容，经常组织学生参加社会环保公益活动。

二是注重家庭教育、学校教育和社会教育的统一。很显然，单独靠一个方面难以达到环境教育的效果。德国人非常重视家庭教育在环境教育中的作用。家长们都具有很高的环保意识，平时进行环境保护，主动节约能源和资源，减少垃圾产生。家庭成员主动进行垃圾分类，这在潜移默化中给子女树立了榜样。同时，家长经常向子女灌输环境保护方面的知识。学校方面则是进行更为系统的环境保护方面知识的传授。学校通过正规教育，组织学生参加集体活动等方式，帮助学生将学到的环境保护方面的知识加以运用，培养学生环境保护意识，提升学生环境保护能力。社会层面，则由政府和民间组织单独或者共同开展环境保护方面的教育。有些民间组织自发组成演出团体，全国巡演，宣传环境保护方面的知识，政府则提供必要的经费资助，有利于这些公益性演出能够持续进行。通过家庭教育、学校教育和社会教育的综合性教育方式，德国国民的环境保护意识已经显著提升，公民参与环境保护的能力也得到显著提高，这样有利于环境质量的持续改善。

三是重视环境教育的实践性和创新性。世界很多国家都有相应的环境教育，而许多国家的环境教育不尽如人意，没有重视环境教育方式的创新和环境教育的实践性是主要原因之一。比如，有些国家宣传了环境保护中垃圾分类知识，但是由于没有实践的机会，很多社会公众不知道垃圾分类如何进行。同样，许多社会公众对于如何节水、节电等方面的知识还非常缺乏，这些都是没有重视实践教育的结果。还有许多地方环境保护教育采用老一套方式，社会公众感到乏味，没有参加环境教育的兴趣。相比之下，德国政府非常重视环境教育的创新性和实践性。教育专家和政府相关人士协作，探讨环境教育的新思路、新方法，力求让环境教育变得更有趣味，人们更加乐于参加。同时，学校、政府、民间团体提供大量机会让社会公众参与到环境保护实践中，以此提升环境保护能力。

（二）英国的环境教育

英国是诞生工业革命的国家。随着工业革命持续进行，英国工业得到持续发展，大大促进了英国经济社会的发展。与此同时，由于大规模工业生产带来的污染问题持续发生，英国伦敦很长一段时间被称为“雾都”，正是因为工业污染导致的有毒物质排放到空间形成有毒浓雾形成的。为了让英国人民重新回到环境友好型的社会中，政府和社会公众有非常强烈的环境保护需求。环境教育就是环境保护的一部分。英国的环境教育发展水平很高，英国环境教育总体上有以下几个特点：

一是起点高，综合性强。政府将环境教育列入道德教育的一部分，认为环境教育是道德教育的途径。很多英国学者认为，环境与道德息息相关。环境教育的特点是尊重自然、爱护自然、保护环境、美化环境。进行环境教育，就是教育全体公民对环境“讲道德”的过程，有利于提升人民的道德素养。同时，环境教育可以为道德教育提供健康运转的社会环境和生态环境。环境教育有利于整个社会的环境改善，为道德教育提供了有力的环境基础。另外，环境教育有利于培养个体的质疑精神和道德批判意识。在环境教育的过程中，人们会产生质疑心理：我们现有的生产方式和消费方式是否是科学的？如何改进我们现有的社会生活方式才是科学的？这些疑问的思考，有利于培养人们的道德批判意识。

二是注重环境教育的阶段性、针对性。环境教育从中小学抓起。根据中小学生的年龄，确定不同的环境教育内容，做到因材施教。小学阶段，主要培养学生们对环境的认识，认识到美好环境的重要性，通过人与环境的互动让学生了解到自然环境的基本知识。中学阶段主要是环境知识的传授，根据中学生年龄特点，采用参观、讲授、讨论等方式，让学生们在相互交流中掌握环境保护的知识。通过组织学生参加相应活动，让学生们在实践中运用环境保护知识，提升环境保护能力。

三是注意环境教育的评估和发展。为了使得环境教育取得实实在在的成效，教育主管部门非常重视环境教育成果的评估。对于评估中出现的问题，及时解决，以保障环境教育能够达到满意的效果。同时，根据经济社会发展的要求，针对经济社会发展过程中环境的变化情况，以及社会公众对于环境要求的变化，及时调整环境教育的内容，做到与时俱进，使得环境教育始终与社会公众需要保持一致，以达到满意的效果。

第二节　发达国家环境保护的启示

综观发达国家环境保护的成效，针对我国具体实际，可以得到有益的启示。

一、重视环境保护的整体性和综合性

环境保护是一个系统工程，单独靠一方面的力量不能取得好的成效，工作也不会取得明显的效果。综观德国和英国这些发达国家在环境保护方面的做法，可以看出，这些发达国家为了取得环境保护方面的成效，多管齐下。既通过立法为环境保护提供法律基础，又通过相关政策为环境保护提供具体的措施，还通过环境教育不断提升社会公众的环境保护意识，增强社会公众参与环境保护的积极性，增强社会公众参与环境保护的能力。这些综合性的做法取得了明显的效果。我国应该借鉴发达国家在环境保护方面的做法，采取综合措施，以取得环境保护方面的成效。

首先，应该加强和完善环境保护方面的立法，为动员全体社会成员参与环境保护提供良好的法律支持。经过多年发展和建设，我国已经形成了一系列比较完善的法律保护方面的法规。但目前某些方面的立法还比较薄弱。比如对于公众参与环境治理方面的法律规定就基本没有。现有的环境保护部发布的《公众参与环境保护办法》还是一个政府部门的规则，没有上升到法律的高度，同时这个文件的规定也比较宽泛，缺乏实施细则。因此，需要结合我国的实际情况，分析我国

环境保护公众参与的发展趋势，在此基础上，完善相应的法律，从法律的角度为社会各个群体参与环境保护提供支持。

其次，要完善相应的环境保护政策。立法工作具有滞后性，为了及时发现我国环境保护中出现的问题，并及时提出相应的措施，可以加强相应政策的制定力度。不仅中央层面需要针对全国环境保护的总体状况及时制定相应的政策，为环境保护提供可操作性的措施，各个地方政府也应该结合本地实际情况，制定适合地方特点的地方性政策。通过这些地方性政策作为补充，能够更好地促进地方环境保护工作的顺利开展。

最后，需要加强和改善现有的环境教育体系。我国公民参与环境保护的热情是比较高的，但参与环境保护的能力有待加强。为此需要改进我国现有的环境保护教育体系。学习发达国家的经验，在中小学课程设计过程中，贯穿环境教育的内容，让青少年从小养成环境保护意识，理解环境保护的重要性，增强从事环境保护的能力。一些社会机构也应该被列入环境保护教育的范畴，可通过政府购买服务的方式，定期开展相应的环境保护讲座，让社会公众了解环境保护知识，增强环境保护能力。

二、突出环境保护的重点

环境保护工作千头万绪，如果面面俱到，往往起不到最佳效果。针对我国实际情况，应该找到环境保护工作的重点。所谓环境保护工作的重点，是指对于社会公众危害最大的环境问题，这些问题能够解决好，将会从根本上提升我国环境质量。当前我国面临的环境问题主要是土壤污染、工业废弃物污染、水污染和大气污染问题。应该将重点集中到这几类环境问题的治理方面。尤其是大气污染导致的雾霾现象，已经比较严重地影响到人民群众日常的生产生活和身体健康，对于国家正常的生产也有很大的负面影响，很大程度上也影响了我国的国际声誉。所以应该将雾霾污染治理列为环境保护的重中之重，应采取更加科学和严格的措施进行治理。另外，在强调重点环境问题治理的同时，也不能忽视群众日常生产生活中产生的看起来比较小的环境问题，因为这些环境问题一旦积累起来，再进行治理就比较困难了，也会付出更大的代价。比如农村垃圾乱堆放问题，外卖和快递的包装所引起的环境问题等。

总之，我们应该借鉴发达国家在环境保护方面的经验，同时根据我国实际情况，做到重点与全面相互结合，进行我国的环境污染治理，才能取得实实在在的成效。

三、增进与发达国家环境保护的合作

从对发达国家环境保护工作的总结中可以看出，发达国家经过多年努力，已经在环境保护领域取得了丰富的经验。这些宝贵的经验值得我们学习。我国的国情与发达国家不完全相同，但我国的环境污染治理过程与发达国家的环境污染治理过程所经过的路径基本是一样的。发达国家历史上在环境保护方面也走过弯路，有惨痛的教训。比如英国历史上环境问题曾经十分严重，首都伦敦曾经被称为“雾都”，就是当时空气污染严重的真实写照。后来，发达国家痛定思痛，下决心治理环境污染，取得突出成效。

我国现在正处于发达国家历史上以工业为主的阶段，环境问题呈现出高发性和普遍性特征。我国应该吸取发达国家先污染后治理的教训，因为这种治理方式代价巨大。可以从发达国家走过的环境污染治理道路中找到适合于我国环境污染治理的经验。因此，要加强与发达国家在环境污染治理方面的经验交流，多学习它们治理环境问题的成功经验，这样有利于我国少走弯路，节约环境污染治理的成本。

四、重视发挥民众在环境保护中的作用

发达国家非常重视民众在环境保护工作中所起到的作用。通过立法为民众参与环境保护提供依据，通过政策指导，为民众参与环境保护提供具体措施，通过环境保护教育增强社会公众环境保护意识，提升社会公众环境保护能力。

与发达国家相比，我国社会公众在环境保护方面的作用发挥得还不够。无论是立法层面，还是政策支持层面，或是环境保护教育层面，对于公众参与环境保护的规定都不充分。发达国家的经验告诉我们，环境保护绝不仅仅是政府的事情，事关社会每一个公众。公众在环境保护方面有巨大的潜力。所以我国需要学习发达国家的做法，更加重视社会公众在环境保护中起到的作用。充分发挥社会公众在环境保护中的聪明才智，集众人之智，就能取得环境保护的成效。

因为社会公众既是环境保护的主体，某种程度上也是环境问题的制造者。比如垃圾乱扔、随地吐痰、多用塑料袋、多开私家车等现象都对环境质量产生了恶

劣影响。所以充分发挥社会公众在环境保护中的作用，有非常重要的现实意义。正因为如此，本书将雾霾污染治理的公众参与问题作为主要研究范畴，立足于找出完善我国雾霾治理的公众参与的一系列措施。运用发达国家的经验，结合我国的实际国情，设计出有利于我国公众参与环境的一系列法律、政策和制度，将会大大加快我国环境保护的进程，取得更加明显的成效。

本章小结

本章对发达国家在环境保护方面的做法进行了总体阐述，并进行了相应的总结。并且在此基础上，得出对我国环境保护的启示。这些启示对于从宏观上提升我国环境保护的水平有重要作用。雾霾污染治理是环境污染治理的重要组成部分，通过本章的研究，对于国外环境治理经验的介绍，有利于了解发达国家在环境治理方面的成就，为我国实现雾霾治理提供有益的参考。

第五章　国外雾霾治理的经验借鉴

当前，经济全球化的程度越来越高，全球化已经成为不可阻挡的趋势。各个国家之间的相互影响程度越来越高。地球是一个整体，各个国家的环境状况对于整个地球的环境都有显著的影响。当前温室效应就是各个国家环境保护不够科学的体现。雾霾具有特殊性，主要体现在流动性。比如 2016 年马来西亚农民烧柴火，所产生的有毒烟雾污染了新加坡。所以，雾霾治理中重视全球合作，具有更加重要的意义。

发达国家在工业化的过程中也曾经受严重的雾霾污染，后来采取了一系列科学措施治理雾霾污染，取得了明显的成效。所以，了解发达国家雾霾污染及雾霾治理的历史，具有很重要的意义。

第一节　国外空气污染治理现状

发达国家多使用空气污染这个词，这与我国现在使用的雾霾污染本质相同。下面对以英国和美国为代表的发达国家的空气污染状况及相应的治理措施进行简要分析，为我国雾霾治理提供相应的借鉴。

一、英国空气污染治理经验

英国是老牌的经济发达国家。工业革命后，英国的经济发展水平越来越高，社会物质财富得以大幅增长，人民的生活水平也得到显著提升。但随之而来的是空气污染的加剧，给人民生活蒙上了阴影。历史上伦敦在很长一段时间内被人民称为“雾都”，是因为工业生产和居民日常生活中经常排放的有毒废气弥漫到空中而产生的空气污染所导致的空气质量下降现象。“雾都”这个词，是人们出于对英国空气质量差产生的不满心理而进行的调侃。

英国历史上曾经发生了许多空气污染事件，有的非常严重。1952 年伦敦发生了有名的毒雾事件，造成了巨大损失，人们现在提起来仍然心有余悸。1952 年 12 月 4~9 日，伦敦上空受高压系统控制，大量工厂生产和居民燃煤取暖排出的废气难以扩散，积聚在城市上空。伦敦城被黑暗的迷雾所笼罩，马路上几乎没有车，黑暗中人们小心翼翼地沿着人行道摸索前进。大街上的电灯在烟雾中能见度很低，犹如黑暗中的点点星光。直至 12 月 10 日，强劲的西风吹来，笼罩在伦敦上空的恐怖烟雾才被吹散。

当时，随着伦敦空气中的污染物浓度的持续上升，使得许多人出现胸闷、窒息等不适感，发病率和死亡率急剧增加。据英国官方的统计，此次伦敦大雾事件中有 8000 多人相继死亡。此次事件被称为“伦敦烟雾事件”，成为 20 世纪十大环境公害事件之一。

发生在 1952 年的“伦敦烟雾事件”的直接原因是燃煤产生的二氧化硫和粉尘污染，这是英国工业革命后能源需求量持续上升导致的结果。因为当时煤炭是最容易获得的燃料来源，由于技术落后，煤炭燃烧过程中有毒气体挥发情况非常严重。

这次毒雾事件的间接原因是逆温层所造成的空气污染物蓄积。燃煤燃烧过程中，产生的粉尘表面会大量吸附水，成为形成烟雾的凝聚核，这样便形成了浓雾。另外，燃煤粉尘中含有三氧化二铁成分，可以催化另一种来自燃煤的污染物二氧化硫氧化生成三氧化硫，进而与吸附在粉尘表面的水化合生成硫酸雾滴。这些硫酸雾滴吸入呼吸系统后会产生强烈的刺激作用，使体弱者发病甚至死亡。

除了 1952 年的伦敦毒雾事件，英国历史上还发生过其他严重的空气污染事件。比如 1837 年 2 月发生的空气污染事件，那次事件中的死亡人数超过了 200 人。即使 1952 年的伦敦毒雾事件后，伦敦毒雾现象也没有完全绝迹，此后仍然发生多次严重的空气污染事件。

1952 年“伦敦烟雾事件”发生后，英国人开始反思经济增长与环境保护之间的关系，反思如何减少空气污染造成的损失。此后，英国政府痛定思痛，下大决心开始对空气污染进行全面的治理。英国政府提出的治理措施主要有以下几个方面（蔡岚，2014）。

（一）从立法和政策角度完善空气污染防治体系

英国政府非常重视法律和政策在空气污染治理中所起到的不可替代的作用。英国政府先后颁布的法律有：1843 年的《控制蒸汽机和炉灶排放烟尘法案》，1954 年的“伦敦市法”（City of London（Various Powers）Act 1954），1956 年的《清洁空气法案》。1968 年以后，英国又出台了一系列的空气污染防控法案，这些法案针对各种废气排放进行了严格约束。针对 20 世纪 80 年代后交通污染取代工业污染成为伦敦空气质量的首要威胁的现状，英国政府出台了一系列政策抑制交通污染。这些政策包括优先发展公共交通网络、抑制私家车发展等。

这些法律法规和政策的制定，为政府进行空气污染治理提供了法律和政策支撑，改变了以前空气污染治理无法可依的尴尬。政府可以依据法律进行空气污染的治理。同时相关的法律法规的制定，也增强了全社会对于空气污染治理的重视，增强了公众的法律意识，有利于整个社会空气污染的治理。

（二）加大产业结构调整力度，推动消费结构转型升级

政府为了减少空气污染，减少了对高耗能产业的补贴，导致钢铁、纺织等高耗能行业规模缩小，以此减少污染源。在减少对高耗能产业补贴的同时，政府加大对新能源补贴力度，以提高新能源在能源使用总量中的比例。据统计，2014 年英国能源生产构成依次为石油、天然气、煤炭、低碳能源。四者比例为 39：32：7：22。根据英国政府的规划，到 2030 年，英国将形成主要以海上风电等可再生能源、核电以及装备了碳捕捉和封存设施的燃煤与燃气电厂为基础的能源结构。

通过结构调整，降低高耗能产业的补贴，从经济角度引导企业降低高耗能产业的投入生产，增加低耗能产业的投入，这种方式将有助于大幅减少生产生活中的废气排放量，有利于降低空气污染的程度。

（三）调整城市布局，贯彻低碳经济发展模式

为了改善环境，治理环境污染，政府在对环境承载力进行科学调研的基础上，重新规划城市布局。对城市布局规划的过程中，贯彻低碳经济发展模式。通过政策引导，吸引大批城市居民到新城居住生活。在对新城环境整治的过程中，政府几乎是不计成本，力求打造舒适宜居、空气质量优良、环境优美的新城，以此形成新城强大的吸引力。政府通过远景规划，承诺到 2050 年，温室气体排放量比现在降低 60%以上，实现真正意义上的低碳发展。

通过城市布局的调整，采用科学的手段，发挥城市在治理空气污染方面可以采用成熟的全套设备的优势，有利于空气污染的集中治理，避免城市布局调整前居民居住分散，空气污染源多，治理难度大的现象。

（四）重视机制创新，充分发挥机制创新优势

英国政府充分认识到，良好的空气质量需要靠全民努力才能达到，只有集中全体民众的智慧，才能取得空气污染治理的胜利。因此，英国政府制定了一系列吸引公众参与空气污染治理的新制度，吸引公众积极参加到空气污染治理的实践中。

首先，建立形成良好的公众参与机制。政府创造条件，调动公民参与空气污染治理的积极性和主动性。政府拓宽公众参与空气污染治理的渠道，让全体民众能够顺利参与到空气污染治理的进程中，为减少空气污染尽一分自己的力量。政府加快基础设施改造升级，让民众可以优先使用公共交通，从而减少私家车的使用，进而减少汽车尾气的排放；政府设立“拥堵费”制度，对容易造成交通堵塞地段增收“拥堵费”，通过经济方式引导居民改变出行时间和出行方式。

其次，发挥市场机制优势。市场机制能够在相当程度上起到自动调节作用，治理空气污染领域也是如此。英国政府通过征收环境税、实行排污权交易等方式能够降低污染治理成本。

（五）加快技术创新，发挥技术创新优势

英国政府在长期的空气污染治理实践中，充分认识到技术对于空气污染治理所起到的作用。政府对空气污染治理技术的研发推广给以政策优惠，调动科研人员研发空气污染治理技术的积极性。通过努力使得先进的技术得以不断涌现。这些新技术运用于空气污染治理，从而有效达到减少空气污染，提高空气质量的目的。

（六）重视发挥各部门协同作用

英国政府充分认识到，空气污染不是由哪一个单独的因素形成的，同样，治理空气污染也不能靠一个单独的个体完成而取得实实在在的效果。这是因为空气污染具有流动性强的特征。所以，英国政府在空气污染治理过程中，充分发挥中央政府和地方政府之间的协同作用。在此之前的很长时间内，英国空气污染治理过程中中央政府和地方政府各负其责，有时为了各自的利益，存在冲突现象。

为了克服中央政府和地方政府的互相掣肘现象，英国政府制定了相应的政策，以保障各个部门的协同作用能够充分发挥。1863 年，以减少制碱过程中产生的有毒气体为目的的《碱业法》颁布。此后，中央政府和地方政府为了各自利益一直存在冲突。直到 1952 年《清洁空气法》通过后，中央政府和地方政府进行明确分工，这种冲突逐渐减少。随着形势发展，中央政府和地方政府在空气治理方面出现了新的局面。

首先，政府加强了对地方政府在空气污染治理方面的指导。英国政府先后颁布了《国家空气质量战略（1997）》、《英国空气质量法规（1997）》，以政策和法律的形式对全国空气质量要求进行清晰界定，为地方政府空气治理提供了明确方向和要求。

其次，对地方政府空气治理建立核查制度，定期审核地方政府空气污染治理方面的成果。

最后，对地方政府提供技术和资金、政策支持。地方政府则根据中央政府总体要求，结合地方实际，进行科学环境治理。由于中央政府和地方政府密切合作，使得英国空气污染治理取得明显成效。

二、美国的空气污染治理

美国是经济发达国家，美国的地理位置优越，背靠大西洋和太平洋。从大西洋和太平洋吹来的湿润空气带来了充沛的雨水，保障美国农作物的茁壮生长。得益于良好的气候环境，多年来美国一直是粮食出口大国。同时美国也是工业大国，发达的工业给美国经济插上腾飞的翅膀，使得美国在“二战”后一跃成为世界第一强国。但是美国经济高速发展的同时，也出现了较为严重的空气污染。这些污染有的非常严重，给人民的生产生活造成了严重的负面影响。比如 20 世纪洛杉矶市发生的空气污染就是一个典型的例子。

洛杉矶位于美国西南海岸，西面临海，三面环山，是个阳光明媚，气候温暖，风景宜人的地方。但是从 20 世纪 40 年代初开始，人们就发现，每到夏末秋初的季节，这座城市上空就会出现一种弥漫天空的浅蓝色烟雾，使整座城市上空变得混浊不清。这种烟雾是光化学烟雾，主要是因为大量碳氢化合物在阳光作用下，与空气中其他成分起化学作用而产生的。这种烟雾中含有臭氧、氧化氮、乙醛和其他氧化剂，滞留市区久久不散。它能使接触者眼睛发红、咽喉疼痛、呼吸憋闷、头昏、头痛，严重时甚至导致死亡。1950~1951 年，美国因空气污染造成的损失就达 15 亿美元。1955 年，因呼吸系统衰竭死亡的 65 岁以上的老人达 400 多人；1970 年，约有 75%以上的市民患上了红眼病。直到 20 世纪 70 年代，洛杉矶市还被称为“美国的烟雾城”。

针对日益严重的空气质量污染状况，美国政府下决心要治理空气污染。为此政府采取多种举措治理空气污染（Daniel A.Mazmanian，2006）。

（一）加强相应法律体系建设，发挥法律在空气污染治理中的统领作用

美国政府十分重视法律对空气污染治理的作用，政府相继制定了一系列法律来确保空气污染治理有法可依。1947 年，加利福尼亚州颁布了《空气污染控制法案》。该法案授权该州的每一个县市可以设立空气污染控制区，以集中治理空气污染。直到 20 世纪 60 年代早期，美国的空气污染防治法规多数是由地方政府制定，以充分发挥地方政府在空气污染治理过程中的积极性和主导作用。1955 年的《空气污染防治法》是第一部由联邦政府制定的空气污染治理法律。经过 1961 年和 1962 年的两次修订，最终付诸实施。这部法律首次授权联邦政府介入空气污染治理问题。对空气污染的治理主体、治理方式和资金支持方面做了明确规定。1963 年制定的《清洁空气法》历经多次修订，该法案在参与主体、治理方式、资助力度、州际治理等方面有显著变化。最显著的特点是参与主体扩大，允许非联邦机构参与空气污染治理的研究；在治理方式上，在原有基础上，建立起了空气污染治理法律实施机制；在资金资助上，大幅增加联邦政府用于空气污染治理的财政投入。此后，1967 年通过的《空气质量法》标志着联邦政府在空气污染监管方面进行了实质介入。1970 年和 1977 年的《空气清洁法修正案》对国家环境空气质量标准进行制定和更新，大幅度提高国家对于空气质量的标准要求。此后，1990 年通过的《清洁空气法修正案》进一步完善政府监管和提高空气质量标准。2009 年 《清洁能源与安全法》则立足于新形势的要求，主要是关于温室气体污染的控制。此外，1965 年，政府颁布了专门针对机动车空气污染的法案。

纵观美国空气污染治理相关法律法规的制定过程，是一个从无到有，从简单到成熟，从地方政府各自为政到充分发挥联邦政府的作用，从综合法律到专项法规相互配合的过程。通过多年坚持不懈的努力，美国已经形成一套较为完整的治理空气污染的法律体系，有力地保障了美国空气污染治理能够顺利实施。

（二）重视技术标准在空气污染治理中的作用

多年空气污染治理的实践，使得美国政府充分认识到，先进科学的技术标准对于空气污染的治理具有很强的统领作用。为此，美国政府经过努力，不断在相应的技术标准上取得突破。2014 年，美国国家环保局在对以往空气有毒物质控制情况进行全面梳理的基础上，发布《国家空气有毒物质计划：第二份向国会提交的城市空气有毒物质综合报告》。这份报告重点关注空气有毒物质重大源、场地源、移动源等排放和监测的变化情况，同时分析减排成效。提出依靠先进技术，实施综合管理，以治理空气有毒物质，减少空气污染的新思路。在政府制定的《清洁空气法修正案》中专门引入了最大可达控制技术标准的理念。这一标准针对重大污染源，它的“底线”是将所有空气污染源的最低排放至少控制在 174 类重大源对应污染源已经采取的较好控制水平和低排放水准，从而达到最低排放控制水平。

美国政府不仅制定严格的排放标准，而且根据经济社会发展需要，及时更新最低标准要求。比如，1990 年，美国政府将铅纳入有害空气污染物，并制定相应标准。2009 年，这一标准又大幅提升。在这一排放标准严格约束下，制定各类排放物允许排放的最大限度。再经过综合治理，从而确保空气污染治理达到好的效果。经过不懈努力，美国的技术标准已经达到了新的高度，为美国政府治理空气污染提供了技术规范。

（三）重视空气污染控制体系的建设，发挥体系化的作用

治理空气污染，需要一套完整科学的体系支撑，才能发挥应有作用。美国政府充分认识到，科学完备的空气污染治理体系对于空气污染治理的作用。政府重视空气污染治理体系建设，提出了一系列的相关举措。包括提出空气污染防治战略、部署空气污染监测网络、确保空气污染数据的质量、开展空气污染分析、充分科学运用空气污染数据分析结果、推动空气污染治理的全面参与。

从国家最高层面开始，针对国家未来经济社会发展对清洁空气质量的要求，提出科学的空气污染控制战略。在此基础上，通过科学调研，确定合适的空气污染监测网络布局，监测过程中，通过严格的作业程序和作业标准流程，使得监测数据做到科学可信。对于获得的数据，组织专家团队进行科学分析，研究结果及时向社会公布。动员全社会成员共同参与空气污染治理。通过宣传，提升公民参与意识，提高公民参与能力，拓宽公民参与渠道。比如，显眼的位置摆放垃圾分

类箱，便于公民及时处理垃圾。目前，美国政府建立的空气污染治理体系已经发挥了很大作用，但还需要进一步完善。

（四）重视制度创新的作用

美国政府在治理空气污染过程中，十分重视制度创新作用。空气排污权交易就是其中一项创新。与传统的政府命令管制性政策补贴相比，排污权交易侧重于从经济角度出发，空气排污权交易是一项经济激励型政策。通过赋予环境容量以价值、确定环境资源的合法产权、允许以产权自由转让方式进行有效配置环境容量资源，从而实现降低污染控制的社会总成本，实现环境治理目的。美国政府通过四项政策贯彻空气污染权交易。这些政策包括：

一是抵消政策，即以一处污染源的污染物排放削减量抵消另一处污染源的污染物排放增加量或新污染源的污染物排放量，或者允许新建、改建的污染源单位通过购买足够的“排污削减信用”，以抵消其增加的排污量。

二是净得政策，即只要污染源单位在本厂区内的排污净增量并无明显增加，则允许其在进行扩建或者改建时候免于承担满足新污染源审查要求的负担。

三是泡泡政策，指允许现有污染源单位利用“排污削减信用”来履行计划规定的污染源治理义务。

四是存储政策，指污染源单位可以将“排污削减信用”存入政府授权的银行或机构，以便在将来的泡泡、补偿和净得政策中使用该“排污削减信用”。

通过以上四项政策的制定和有效衔接，保障了美国空气排污权交易的顺利进行，在治理空气污染方面起到了很大作用。

需要注意的是，随着政府对空气污染治理力度的加大，必然侵犯一些相关群体的利益。这些群体或单独行动，或结成联盟，构成了一股反环保势力，以维护自己的既得利益。其中，大型工业企业以自己的资源和财力优势，居于反环保阵营的最高层，反对手段和策略不断翻新，作用力也最大。位居其下的有中小型企业主、矿业主、牧场主、木材商和财产所有者等，他们给政府空气污染治理制造各种障碍，阻碍空气质量的提升。因此，美国政府的交易排污权的实施需要相应的完善。

（五）注重发挥公众参与在空气污染治理中的作用

美国政府充分认识到，公众是空气污染产生的原因之一，也是空气污染治理不可或缺的主体。所以政府十分重视公众在治理空气污染过程中的作用。政府通过充分动员全社会力量，引导社会投入，推进政府、企业、民众之间的合作，最终达到经济发展与环境友好共存的目的。

第二节　发达国家空气污染治理的启示

综观发达国家在空气污染治理方面的经验，结合我国的国情，可以看出，我国现在的发展阶段与发达国家曾经的工业化阶段有很多相似的地方，导致空气污染的很多因素也存在着很多类似之处。并且我国现在所处的阶段与发达国家曾经导致空气污染的阶段也有类似之处。所以总结发达国家空气污染治理的经验，可以使得我们得到有益的启示。

中国是发展中国家，正处于后工业化时代。借鉴发达国家空气污染治理的经验，中国应该重视以下几点。

一、树立远景目标，未雨绸缪，做好提前预防

纵观发达国家的环境污染治理历程，可以看出，无论英国还是美国，都是因为发生了严重的空气污染事故，导致重大人员伤亡和财产损失后，才下决心治理空气污染。根据发达国家的经验和教训，可以看出，这种先污染后治理方式所付出的代价是巨大的。有专家针对我国滇池和淮河流域的污染曾经算过一笔账。滇池周边的企业 20 年间总共只创造了几十亿元产值，而要初步恢复滇池水质（达到Ⅲ类水标准）至少就得花几百亿元；淮河流域小造纸厂的产值 20 年累计不过 500 亿元，而治理其带来的污染，即便只是干流全部达到最基本的灌溉用水标准（Ⅴ类）也需要 3000 亿元的投入，而要恢复到 20 世纪 70 年代的状态（Ⅲ类），则不仅花费是个可怕的数字，时间也至少需要 100 年。尽管不一定完全准确，但足以说明先污染后治理的代价实在是太大了。

当前中国处于经济快速上升时期，经济社会发展速度非常快，这些因素都是中国环境污染，也是空气污染严重的直接诱因。如果现在不开始下大决心治理空气污染，等到空气污染非常严重时再着手进行环境污染治理，将会付出沉重的代价。针对这种情况，中国应该引以为戒，对于可能发生的各种污染提前做好预

案，做到未雨绸缪，将损失消除在未发生前。因此，中国的空气污染治理应该走一条与发达国家先污染、后治理不一样的新型道路，在战略上要有前瞻性目光。从中央政府开始，到地方各级政府，应该在制定国民经济和社会发展计划时，同步列入空气污染治理计划。如果有必要，应该单独提前制定空气污染治理计划。先行运作空气污染治理设施建设、空气污染制度建设。

二、根据本国特点，建立科学有效的空气污染治理法律体系

综观发达国家空气污染治理的经验，可以看出，一整套完备的法律体系是成功的重要保障。无论是英国还是美国，都是在长期的空气污染治理过程中摸索出了一套比较成功的经验。其中重要的经验是以法律的权威性和强制性保障空气污染治理的成效。所以英国和美国都根据本国空气污染的实际情况，结合本国未来对空气质量的要求，制定了符合本国国情的一整套完备的法律体系。通过这样一套完备的法律体现，从法律上保证空气污染治理有充足的法律依据，有足够的权威性，从而保障空气污染治理的成效。

对于中国来说，应该立足于本国经济社会发展的特点，以及中国未来若干年经济社会发展的目标和趋势，充分考虑中国的具体国情。在此基础上，制定一整套体现中国特色的空气污染治理法律体系。既要有宏观层面上的带有战略性指导意义的法律法规，也要有针对性和可操作性的具体法律规定，针对空气污染中具体有毒物质排放量制定相关治理规定。这样便于操作，也容易达到应有的效果。同时注意到，法律体系既不能一成不变，那样会制约中国经济社会发展，也不能朝令夕改。尽管形势经常发生变化，对已有的法律法规进行调整是必要的，但如果朝令夕改，就会失去法律的严肃性，使得民众无所适从，降低对于法律法规的信任。所以制定空气污染治理方面的法律应该有一整套程序，包括修改的程序，这样才能保证应有的效果。

三、充分重视技术的作用

治理空气污染，很大程度上，需要先进技术发挥重要作用。发达国家空气污染治理的实践经验告诉我们，空气污染治理过程中，借助科技的力量，往往会产生意想不到的效果。发达国家空气污染治理的实践，充分彰显了科技在空气污染治理中所起到的不可替代的作用。

由于我国国土面积广大，长期以来对于环境保护的重视程度还没有达到应有的高度。党的十八大以来，我国将生态文明建设提升到前所未有的高度。习近平总书记多次指出，“我们既要金山银山，也要绿水青山，绿水青山就是金山银山”。说明我国从最高层开始，环境保护的理念已经提升到新的历史高度。然而，我国环境保护技术方面与发达国家相比，还有一定的差距。

此外，需要在充分调研基础上，制定适合中国国情的空气污染程度控制技术标准。要组织相应专家团队，也可吸收其他国家空气污染治理技术，创造出适合中国空气污染治理实际的污染治理技术。要充分重视对空气污染防治技术的研发和使用，保护研发者的知识产权，运用市场的力量，让相关技术研发者获得可观的经济效益。这必然激励更多研发机构和研发单位投身到空气污染治理技术研发中。

四、要动员全社会共同参与，形成雾霾治理的合力

造成空气污染的原因很多，某种意义上说，社会每个成员都对空气污染有直接责任。上述发达国家采取的空气污染的治理措施，依然是政府主导为主，社会公众参与不足，我们应该吸取这方面的教训。所以，治理空气污染也必须靠全社会成员的共同努力。要加强宣传，提升全社会成员对空气污染危害性的认识，同时加强环保意识，特别是自觉从事空气污染治理的意识；要建立相应的培训体系，让普通民众能够在日常生活中增加保护环境，减少空气污染的技能。比如很多小区道路两旁有垃圾分类桶，但到目前为止，依然有许多民众不懂垃圾分类知识。其实只要做简单培训就可以达到，可以在道路醒目位置设置海报，能够达到培训效果。再如机动车使用与空气污染之间的关系，很多民众并不完全了解。如果有实例能够清楚表明，开多少千米汽车，就会产生多少有毒物质飘散到空气中，那么就可以增加公众自觉减少开车的自觉性。这种工作并不复杂，只要在公共场所张贴相关宣传资料就可以，比如加油站、超市、集市等。

本章小结

本章对于英国和美国两个发达国家在工业化过程中发生的空气污染事件进行了阐述，总结了发达国家工业化过程中雾霾污染产生的原因，以及采取的治理空气污染的措施。并针对我国的国情，将我国现阶段经济发展状况与发达国家进行对比，从而提出几点有针对性的启示。这些启示提醒我们，不能重走发达国家雾霾污染治理的老路，需要未雨绸缪，在注重经济发展的同时，也要重视雾霾的治理。要记住习近平总书记在讲话中提出的绿色发展理念，记住“绿水青山就是金山银山”的发展理念。要吸引全体公众的参与，才能取得满意的效果。

第六章　我国雾霾治理现状分析

本章对我国环境保护的现状进行总体概括，特别对我国雾霾污染的现状进行综述，以便于下文进行针对性的分析，提出动员公众力量，参与雾霾治理的措施。

第一节　我国环境保护现状

我国政府非常重视环境保护工作，长期以来，经过不断努力，我国环境保护取得了一系列成果，但同时也出现了一系列问题。以下对我国环境现状进行全面阐述。

一、全国废水排放情况分析

从图 6-1 中可以看出，2001~2015 年，全国废水排放量呈现逐年上升趋势，总量由 2001 年的 428.4 亿吨上升到 2015 年的 735.3 亿吨，15 年上涨了 71.6%。但从每年比上年的增长率看，逐渐平稳并且有下行趋势。同比增长率由最高峰 2005 年的 8.27%逐渐下降到 2015 年的 2.66%。这说明我国废水排放量增长的趋势逐渐放缓，体现出环境治理出现了较好成效。此外，从 2011 年开始，我国废水排放量统计口径出现了变化，由原来只是统计工业排放和生活排放，增加了农业源废水排放，以及集中式排放，由此导致 2011 年的废水排放指标较上年有较大增长。为了体现出废水排放数据前后的可比较性，特地将这些数据进行比较，如表 6-1 所示。

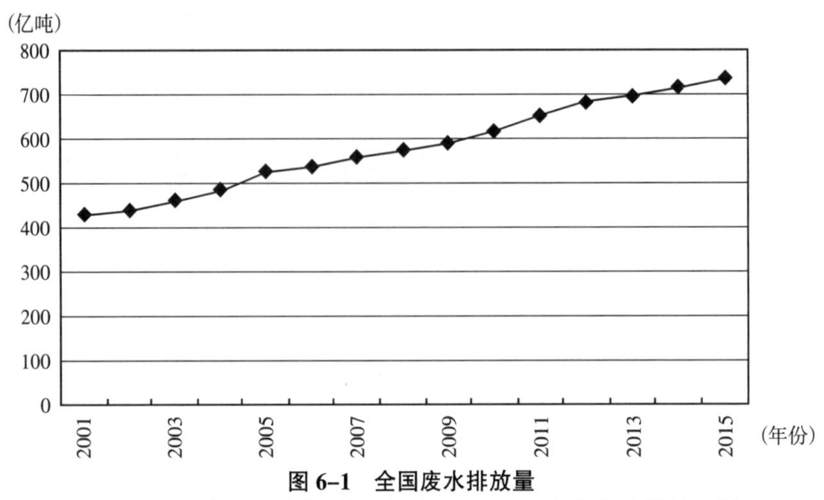

图 6–1 全国废水排放量

资料来源：2001~2015 年《全国环境状况统计公报》，2001~2015 年的《中国统计年鉴》。

表 6–1 全国废水中主要污染物排放量

年份	废水排放量（亿吨）	废水排放同比增速（%）	化学需氧量排放量（万吨）	化学需氧量同比增速（%）
2001	428.4		1406.5	
2002	439.5	2.59	1366.9	–2.9
2003	460.0	4.66	1333.6	–2.5
2004	484.4	5.30	1339.2	0.4
2005	524.5	8.27	1414.2	5.6
2006	536.8	2.34	1428.2	0.9
2007	556.8	3.72	1381.8	–3.3
2008	572.0	2.73	1320.7	–4.5
2009	589.2	3.01	1277.5	–3.3
2010	617.3	4.77	1238.1	–3.1
2011	652.1	5.64	2499.9	119.0
2012	684.8	5.01	2424.0	–3.1
2013	695.4	1.55	2352.7	–3.0
2014	716.2	2.99	2294.6	–2.5
2015	735.3	2.66	2223.5	–3.1

资料来源：2001~2015 年的《中国统计年鉴》。

化学需氧量（COD），是在一定的条件下，采用一定的强氧化剂处理水样时，所消耗的氧化剂量。它是表示水中还原性物质多少的一个指标。化学需氧量高意味着水中含有大量还原性物质，其中主要是有机污染物。化学需氧量越高，表示水体中的有机物污染越严重，这些有机物污染的来源可能是农业生产过程中农药、有机肥料的排放，也可能是工业生产中化工厂排放的有毒废料。如果不进行处理，许多有机污染物可在河流底部被淤泥吸附而沉积下来，在今后若干年内对水生生物造成持久的毒害作用。

总体来看，中国化学需氧量的排放呈现出逐渐走高趋势，从 2006 年的 87.56 万吨增加到 2014 年的 110 万吨，增长了 25.6%。这与中国农业生产中的化肥农药排放有关，也与工业生产中废弃物排放相关。

从 2011 年起，我国化学需氧量排放量采用新的统计方法，除了原有的工业源和生活源之外，来自农业源和集中式排放的化学需氧量也纳入了统计指标。这体现在表格中 2011 年的化学需氧量排放量为 2499.9 万吨，比 2010 年的化学需氧量排放量 1238.1 万吨增长了 119%。为了使得各年的化学需氧量排放量具有可比较性，将这些数据列在一张表格中（见表 6–1）。通过图 6–2 可以直观地看到，我国化学需氧量排放量有逐年下降的趋势。分两个阶段看，化学需氧量排放量从 2001 年的 1406.5 万吨下降到 2010 年的 1238.1 万吨，10 年间下降了 11.97%。这个时间段，各年化学需氧量同比增长率 7 年为负值，说明化学需氧量排放已经得到有效控制。2011 年化学需氧量排放 2499.9 万吨，2015 年化学需氧量排放量 2223.5 万吨，5 年间下降了 11.05%。从这几年化学需氧量同比增长率来看，都是

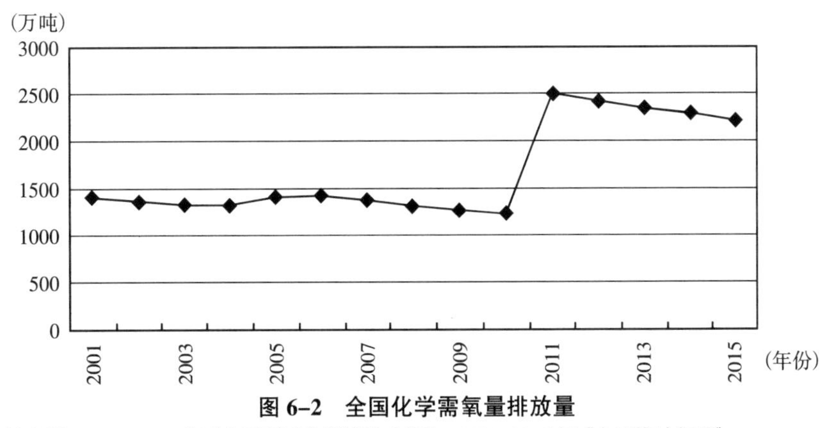

图 6–2　全国化学需氧量排放量

资料来源：2001~2015 年《全国环境状况统计公报》，2001~2015 年《中国统计年鉴》。

负数，说明这几年我国化学需氧量排放量逐年下降，我国化学需氧量排放控制取得了明显成效，这对于环境质量的提高具有很大的作用。

二、全国废气污染状况分析

2011 年，全国废气中二氧化硫排放量包括工业废气中二氧化硫排放量、生活二氧化硫排放量、集中式二氧化硫排放量。2011 年全国废气中烟（粉）尘排放量包括工业废气中烟（粉）尘排放量、生活烟（粉）尘排放量、机动车废气中烟（粉）尘排放量、集中式污染治理设施烟（粉）尘排放量。而 2010 年之前，全国废气中二氧化硫排放量包括工业废气中二氧化硫排放量和生活二氧化硫排放量。2010 年之前，烟尘排放量包括工业烟尘排放量和生活烟尘排放量。显然 2011 年以后二氧化硫排放量和烟尘排放量统计方法都有了新的变化，增加了一（两）个项目，使得 2011 年的二氧化硫排放量和烟尘排放量比 2010 年数据有了较大增加。为了比较的方便，将 2011 年以前和以后各年二氧化硫排放和烟尘排放列入一张表格（见表 6–2）。但可以分两个阶段进行比较。

表 6–2　全国废气中主要污染物排放量

年份	二氧化硫排放量（万吨）	二氧化硫排放量同比增速（%）	烟尘排放量（万吨）	烟尘排放量同比增速（%）
2001	1947.8		1059.1	
2002	1926.6	–1.1	1012.7	–4.4
2003	2158.7	12.0	1048.7	3.6
2004	2254.9	4.5	1095.0	4.4
2005	2549.3	13.1	1182.5	8.0
2006	2588.8	1.5	1088.8	–7.9
2007	2468.1	–4.7	986.6	–9.4
2008	2321.2	–6.0	901.6	–8.6
2009	2214.4	–4.6	847.2	–6.0
2010	2185.1	–1.3	829.1	–2.1
2011	2217.9	1.5	1278.8	54.2
2012	2118.0	–4.5	1235.7	–3.4
2013	2043.9	–3.5	1278.1	3.4

续表

年份	二氧化硫排放量（万吨）	二氧化硫排放量同比增速（%）	烟尘排放量（万吨）	烟尘排放量同比增速（%）
2014	1974.4	-3.4	1740.7	36.2
2015	1859.1	-5.8	1538.0	-11.6

资料来源：2001~2015 年《中国统计年鉴》。

从二氧化硫排放量来看，第一阶段，2001 年全国二氧化硫排放量为 1947.8 万吨，到 2010 年这个量增长为 2185.1 万吨，增长了 12.2%。但从各年的同比增长率看，有逐年降低的趋势。从最初几年二氧化硫排放量同比增长率为正数逐渐过渡到 2007~2010 年的二氧化硫排放量同比增长率为负数。第二阶段，全国二氧化硫排放量从 2011 年的 2217.9 万吨变为 2015 年的 1859.1 万吨，降低了 16.2%。这几年同比增长率一直为负数。综合来看，无论是 2001~2010 年的统计方法，还是 2011~2015 年采用新的统计方法，我国废气中二氧化硫排放量都呈现下降趋势，这表明我国二氧化硫排放控制取得明显成效。

从烟尘排放量看，第一阶段，2001 年我国烟尘排放量为 1059.1 万吨，2010 年我国烟尘排放量为 829.1 万吨，比 2001 年下降了 21.7%。2001~2005 年，我国烟尘排放量基本呈上升趋势，2006~2010 年呈现明显下降的趋势。2006~2010 年，我国烟尘排放量同比增长率都是负数，呈现负增长的良好态势。第二阶段，2011 年我国烟尘排放量为 1278.8 万吨，到 2015 年我国烟尘排放量为 1538.0 万吨，比 2011 年上升了 20.3%。这几年，各年粉尘排放量总体呈现出上升趋势，其中有的年份增长幅度比较大。这表明，2011~2015 年，我国烟尘控制方面做得不够好，居民直观的感受是空气质量不高，有的地方有时甚至有恶化趋势。

从图 6-3、图 6-4 中可以更加直观地看出这些年我国二氧化硫排放量和烟尘排放量的变化情况。

三、全国固体废物排放分析

一般工业固体废物是指从工业生产、交通运输、邮电通信等行业的生产生活中产生的没有危险性的固体废物。如矿山企业产生的尾矿、矸石、废石等矿业固体废物，交通运输制造业产生的废旧轮胎、橡胶、印刷企业产生的废纸，服装加工业产生的边角废料、皮革边等。

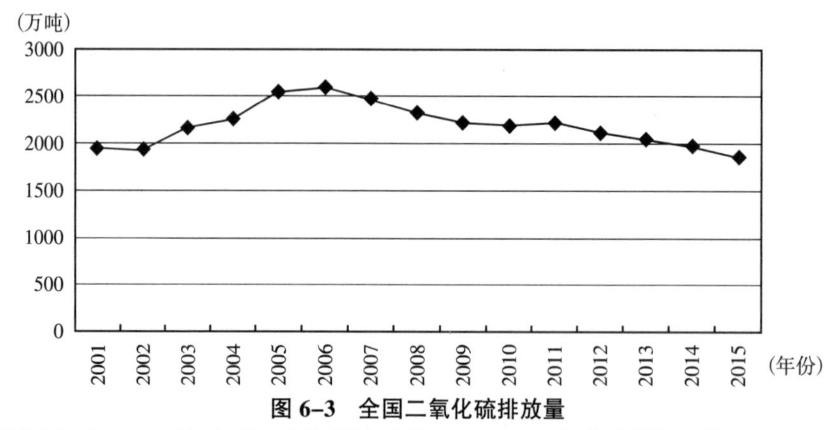

图 6-3 全国二氧化硫排放量

资料来源：2001~2015 年《全国环境状况统计公报》，2001~2015 年《中国统计年鉴》。

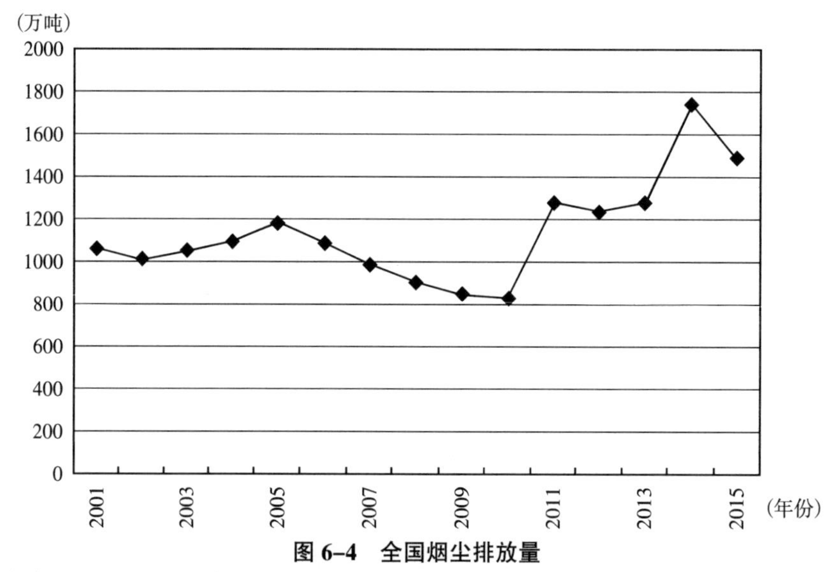

图 6-4 全国烟尘排放量

资料来源：2001~2014 年《全国环境状况统计公报》，2001~2015 年《中国统计年鉴》。

从全国工业固体废物产生量看，2001 年，全国工业固体废物产生量为 8.87 亿吨，到 2014 年增长到 32.6 亿吨，比 2001 年增长了 267%，增长幅度比较大（见表 6-3）。从同比增长率看，2011 年前各年同比增长率都比较高，只是从 2012 年之后呈现出逐渐下降趋势，其中 2013 年、2014 年的工业固体废物排放量同比增长率为负数，表明这两年全国固体废物排放量开始呈现下降态势，这方面污染治理取得了积极效果。从图 6-5、图 6-6 中可以更加明显地看出全国工业固体废物增长量和同比增长率变化情况。

表 6-3 全国工业固体废物产生量、综合利用量

年份	全国工业固体废物产生量（亿吨）	全国工业固体废物产生量同比增长率（%）	全国工业固体废物综合利用量（亿吨）	全国工业固体废物综合利用量同比增长率（%）	全国工业固体废物综合利用率（%）
2001	8.87		4.7		52.1
2002	9.50	7.1	5.0	6.4	52.0
2003	10.0	5.3	5.6	12	55.8
2004	12.0	20	6.8	21.4	55.7
2005	13.4	11.7	7.7	13.2	56.1
2006	15.2	13.4	9.3	20.8	60.9
2007	17.6	15.8	11.0	18.3	62.5
2008	19.0	7.9	12.3	11.8	64.7
2009	20.4	7.4	13.8	12.2	67.6
2010	24.1	18.1	16.2	17.4	67.2
2011	32.5	34.9	19.9	22.8	60.5
2012	32.9	1.2	20.2	1.5	60.9
2013	32.7	-0.6	20.6	1.9	62.3
2014	32.6	-0.3	20.4	-0.9	62.1

资料来源：2001~2014 年《全国环境状况统计公报》，2001~2014 年《中国统计年鉴》。

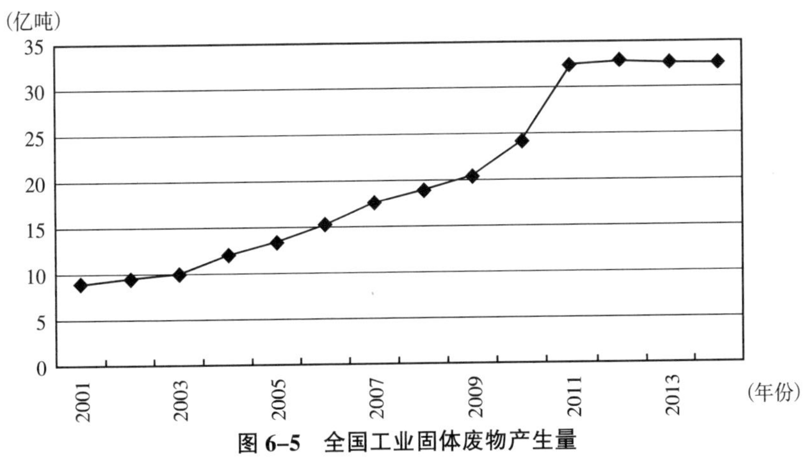

图 6-5 全国工业固体废物产生量

资料来源：2001~2014 年《全国环境状况统计公报》。

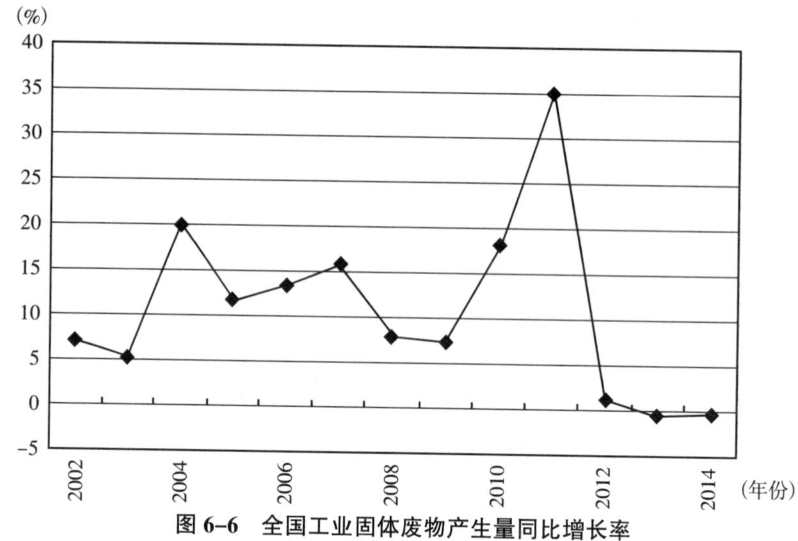

图 6–6 全国工业固体废物产生量同比增长率

资料来源：2002~2014 年《全国环境状况统计公报》，2002~2014 年《中国统计年鉴》。

从全国工业固体废物综合利用量来看，2001 年全国工业固体废物综合利用量为 4.7 亿吨，2014 年，全国工业固体废物综合利用量已经达到 20.4 亿吨，比 2001 年增长了 334%。从纵向看，我国工业固体废物综合利用量大幅提升，显示全国工业固体废物利用水平不断提升。同比增长率在 2001 年前较高，2011 年之后，全国工业固体废物利用量同比增长率较低。从横向看，各年工业固体废物的综合利用率比较稳定，达到 60%左右，说明我国工业固体废物综合利用率还有很大的提升空间。图 6–7、图 6–8、图 6–9 更加清晰地反映出我国工业固体废物利用量情况。

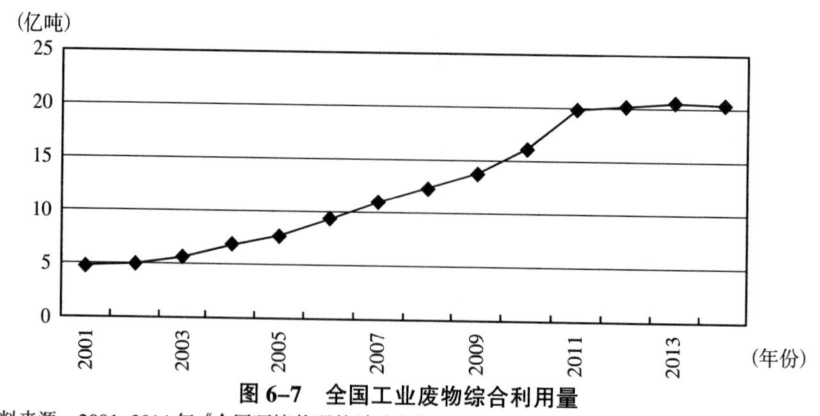

图 6–7 全国工业废物综合利用量

资料来源：2001~2014 年《全国环境状况统计公报》。

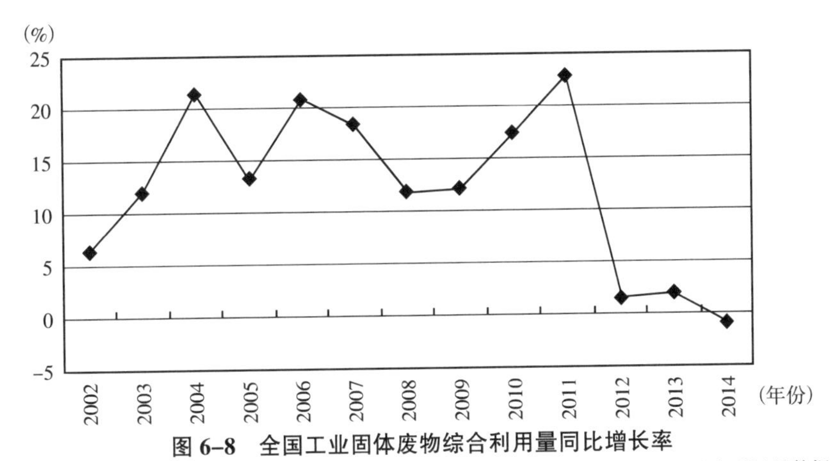

图 6-8　全国工业固体废物综合利用量同比增长率

注：2015 年、2016 年《全国环境状况统计公报》中没有列入全国工业固体废物综合利用量数据。
资料来源：2002~2014 年《全国环境状况统计公报》。

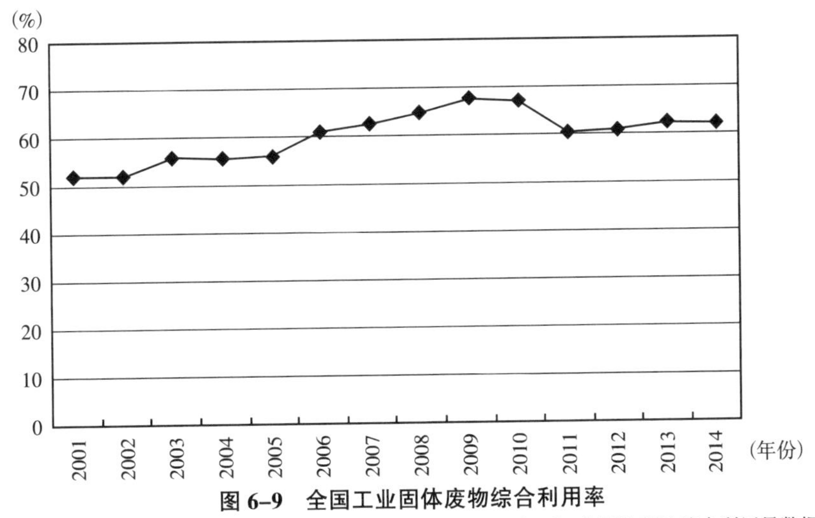

图 6-9　全国工业固体废物综合利用率

注：2015 年、2016 年《全国环境状况统计公报》中没有列入全国工业固体废物综合利用量数据。
资料来源：2001~2014 年《全国环境状况统计公报》。

四、全国农村卫生状况分析

21 世纪以来，我国农村环境状况有了明显改善，下面从农村卫生厕所和改水状况进行分析。

从表 6-4 中可以看出，全国农村卫生厕所普及率呈现逐年上升趋势，由 2001 年的 46.1%上升到 2015 年的 76.1%，15 年间上升了 30 个百分点，说明我国农村卫生状况有了非常大的改善。农村已经改水受益人口占农村人口的比例也由2001年的91.0%上升到2013年的95.6%，上升了4.6个百分点。综合这两项数据可以看出，21世纪以来，经过持续努力，我国农村环境卫生状况有了明显改善。从图6-10、图6-11中可以更加直观地看出。

表6-4　全国农村卫生情况

年份	全国农村卫生厕所普及率（%）	已经改水受益人口占农村人口比例（%）	年份	全国农村卫生厕所普及率（%）	已经改水受益人口占农村人口比例（%）
2001	46.1	91.0	2009	63.1	94.3
2002	48.7	91.7	2010	67.4	94.9
2003	50.9	92.7	2011	69.2	94.2
2004	53.1	93.8	2012	71.7	95.3
2005	55.3	94.1	2013	74.1	95.6
2006	54.9	91.1	2014	76.1	
2007	57.0	92.5	2015	76.1	
2008	59.7	93.6			

注：2014~2015年《中国卫生事业发展统计公报》未列出已经改水受益人口占农村人口的比例。
资料来源：2001~2015年《中国卫生事业发展统计公报》。

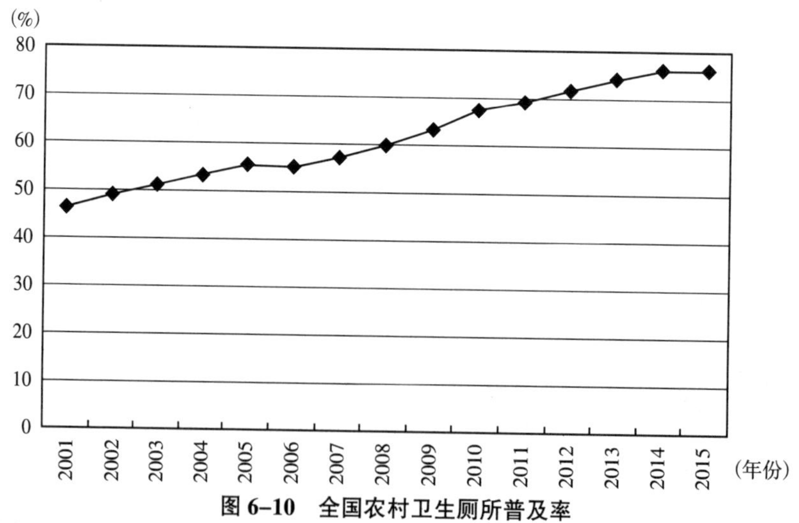

图6-10　全国农村卫生厕所普及率

资料来源：2001~2015年《中国卫生事业发展统计公报》。

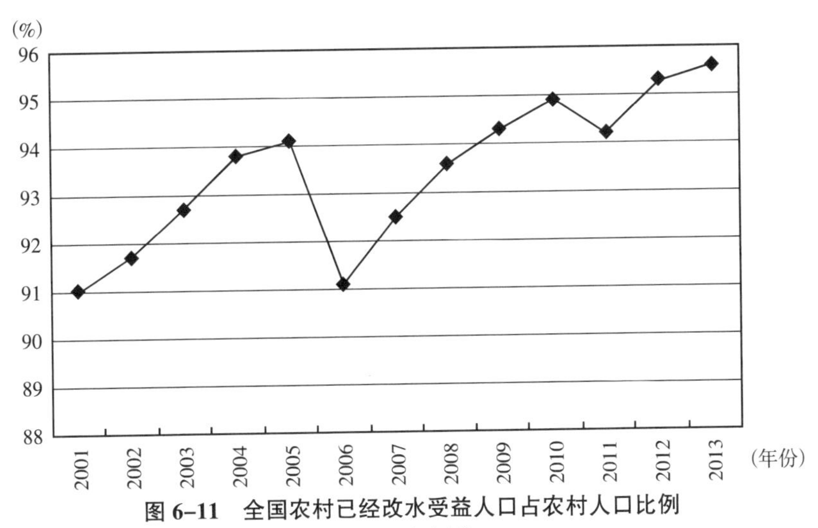

图 6-11　全国农村已经改水受益人口占农村人口比例

资料来源：2001~2013 年《中国卫生事业发展统计公报》。

可以看出，21 世纪以来，我国农村环境卫生状况有了明显改善，但这离人民群众的需求还有一定的距离，还需要持续的努力。

五、全国环境状况整体分析

上文从不同层面分析了我国环境状况的变化，下面从整体上对 21 世纪以来我国环境变化的状况进行总体回顾。

如表 6-5 所示，从全国的水质变化情况来看，2002~2016 年，我国水质整体状况趋于好转。Ⅰ~Ⅲ类水质占全部监测水体的比重从 2002 年的 29.1%上升到 2016 年的 67.8%，上升了 38.7 个百分点。Ⅳ~Ⅴ类水质占比从 2002 年的 30%下降到 2016 年的 23.7%，上升了 3.7 个百分点。而劣Ⅴ类水质占比则从 2002 年的 40.9%下降到 2016 年的 8.5%，下降了 32.4 个百分点。这与多年以来我国加大水体污染治理力度，采取各项有力的举措治理水体污染有密切的关系。图 6-12 更加明显地反映我国近些年来的水质变化情况。

表 6-5　全国水质情况

年份	Ⅰ~Ⅲ类水质占比（%）	Ⅳ~Ⅴ类水质占比（%）	劣Ⅴ类水质占比（%）
2002	29.1	30	40.9
2003	38.1	32.2	29.7

续表

年份	Ⅰ~Ⅲ类水质占比（%）	Ⅳ~Ⅴ类水质占比（%）	劣Ⅴ类水质占比（%）
2004	41.8	30.3	27.9
2005	41	32	27
2006	40	32	28
2007	49.9	26.5	23.6
2008	55.0	24.2	20.8
2009	57.3	24.3	18.4
2010	59.9	23.7	16.4
2011	61.0	25.3	13.7
2012	68.9	20.9	10.2
2013	71.7	19.3	9.0
2014	71.2	19.8	9.0
2015	64.5	26.7	8.8
2016	67.8	23.7	8.5

资料来源：2002~2016 年《全国环境状况统计公报》。

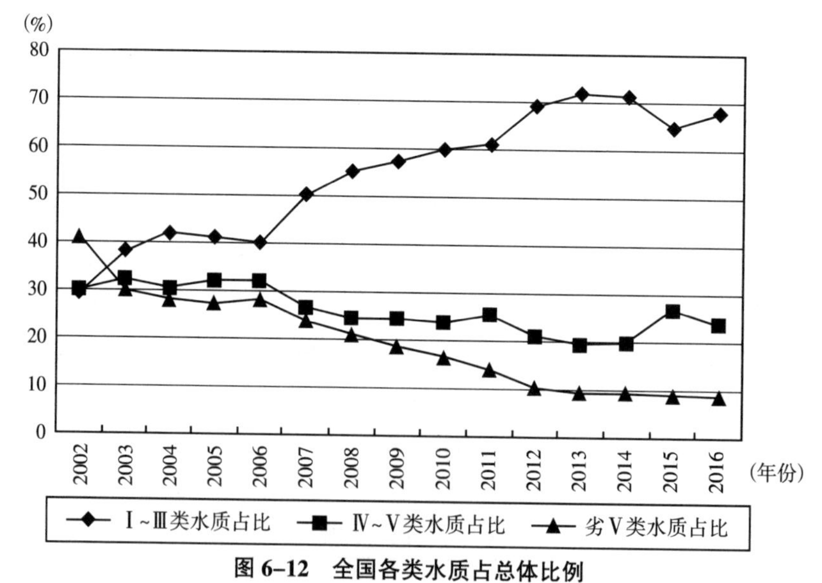

图 6-12　全国各类水质占总体比例

资料来源：2002~2016 年《全国环境状况统计公报》。

如表 6-6 所示，从全国环境污染治理投资看，2001 年全国环境污染治理投资只有 1106.7 亿元，而到 2015 年，全国环境污染治理投资已经达到 8806.3 亿元，比 2001 年增长了 696%，增长幅度非常大，表明我国政府对于环境污染治理的高度重视。从各年环境污染治理投资的同比增长率来看，2010 年前增长较快，2013 年之后，同比增长率有所下降，说明我国环境污染治理投资仍然有很大的增长空间，我国对环境污染治理的力度有所下降。图 6-13、图 6-14 能够更加清晰地描绘出全国环境污染治理投资的变化情况。

表 6-6　全国环境污染治理投资

年份	环境污染治理投资总额（亿元）	环境污染治理投资同比增长率（%）	年份	环境污染治理投资总额（亿元）	环境污染治理投资同比增长率（%）
2001	1106.7		2009	5258.4	6.5
2002	1367.2	23.5	2010	7612.2	44.8
2003	1627.7	19.1	2011	7114.0	-6.5
2004	1909.8	17.3	2012	8253.5	16.0
2005	2388.0	25.0	2013	9037.2	9.5
2006	2566.0	7.5	2014	9575.9	6.0
2007	3387.3	32.0	2015	8806.3	-8.0
2008	4937.0	45.8			

资料来源：2001~2015 年《中国统计年鉴》。

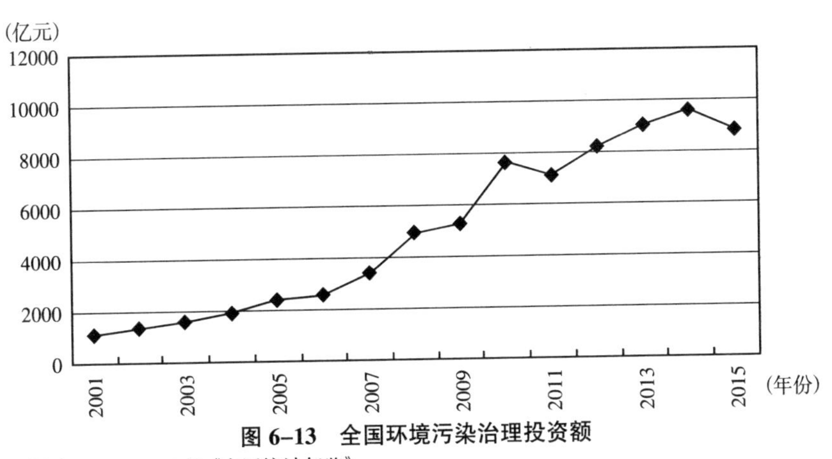

图 6-13　全国环境污染治理投资额

资料来源：2001~2015 年《中国统计年鉴》。

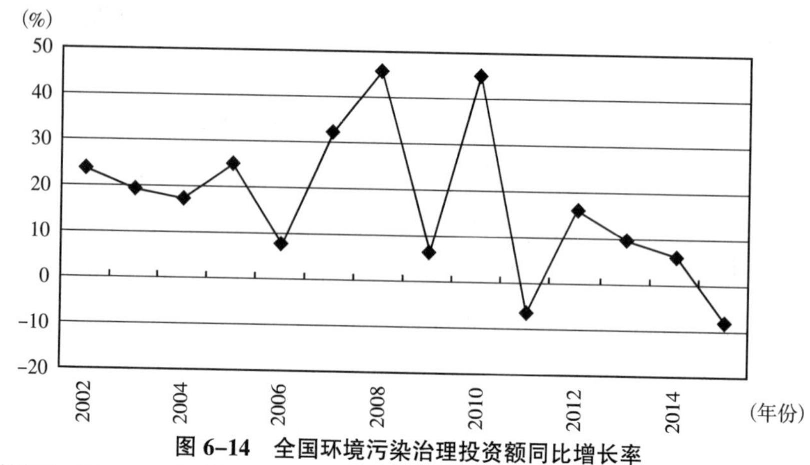

图 6-14 全国环境污染治理投资额同比增长率

资料来源：2002~2015 年《中国统计年鉴》，经过整理而得。

如表 6-7 所示，从生活垃圾清运量看，由于收集数据的限制，只收集到 2004~2015 年全国生活垃圾清运量数据。从已有数据可以看出，2015 年全国生活垃圾清运量为 19141.9 万吨，比 2004 年生活垃圾清运量 15509.3 万吨高出 23.4%，增长幅度较大。表明我国生活垃圾清运方面工作有较好成效。从生活垃圾清运量同比增长率来看，比较平稳，2011 年之后同比增长趋势较好。图 6-15、图 6-16 更清晰地描绘出我国生活垃圾清运量的变化情况。

表 6-7 生活垃圾清运量

年份	生活垃圾清运量（万吨）	生活垃圾清运量同比增长率（%）	年份	生活垃圾清运量（万吨）	生活垃圾清运量同比增长率（%）
2004	15509.3		2010	15804.8	0.5
2005	15576.8	0.4	2011	16395.3	3.7
2006	14841.3	-4.7	2012	17080.9	4.2
2007	15214.5	2.5	2013	17238.6	0.9
2008	15437.7	1.5	2014	17860.2	3.6
2009	15733.7	1.9	2015	19141.9	7.2

资料来源：2004~2015 年《中国统计年鉴》。

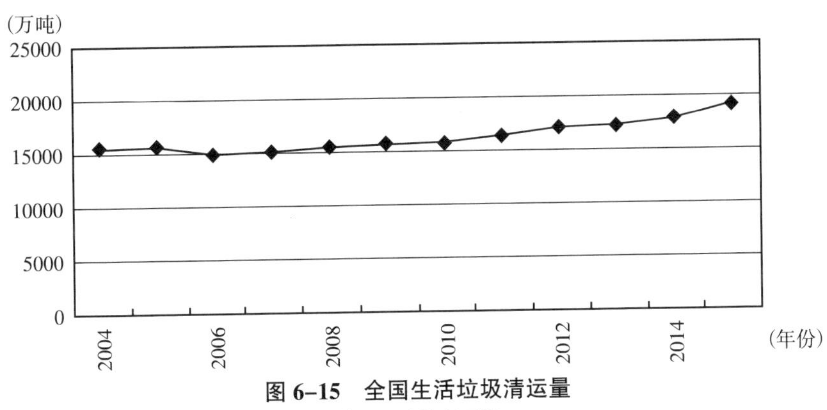

图 6–15　全国生活垃圾清运量

资料来源：2004~2015 年《中国统计年鉴》，经过整理而得。

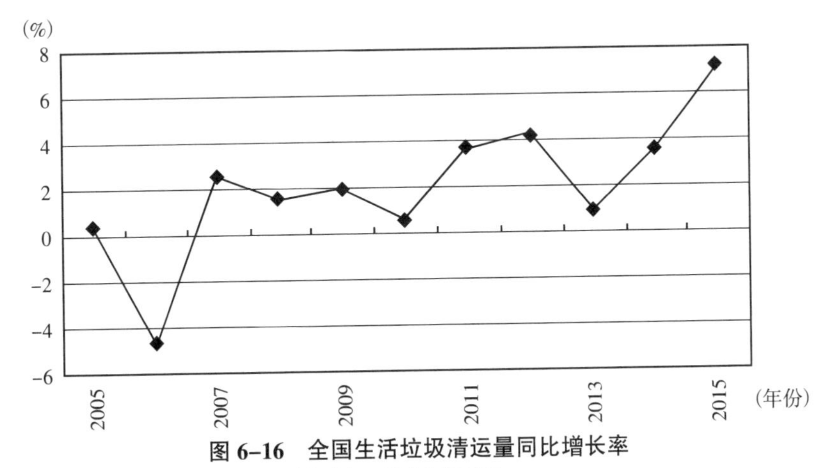

图 6–16　全国生活垃圾清运量同比增长率

资料来源：2004~2015 年《中国统计年鉴》，经过整理而得。

如表 6–8 所示，2004~2015 年，我国生活垃圾处理取得了明显成就。生活垃圾无害化处理率从 2004 年的 52.1%上升到 2015 年的 94.1%，上升了 42 个百分点。这是我国政府高度重视生活垃圾处理的结果，有利于我国环境状况的改善。图 6–17 清晰地描绘了我国生活垃圾处理率变化情况。

表 6–8　生活垃圾无害化处理率

年份	生活垃圾无害化处理率（%）	年份	生活垃圾无害化处理率（%）
2004	52.1	2007	62.0
2005	51.7	2008	66.8
2006	52.2	2009	71.4

续表

年份	生活垃圾无害化处理率（%）	年份	生活垃圾无害化处理率（%）
2010	77.9	2013	89.3
2011	79.7	2014	91.8
2012	84.8	2015	94.1

资料来源：2004~2015 年《中国统计年鉴》。

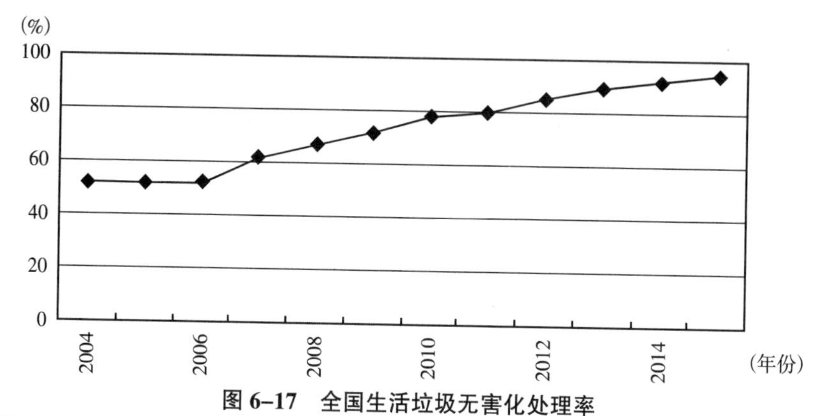

图 6-17　全国生活垃圾无害化处理率

资料来源：2004~2015 年《中国统计年鉴》，经过整理而得。

从表 6-9 可以看出，从 2001 年开始，我国空气环境质量呈现总体稳步改善的态势。城市空气优于二级的比例从 2001 年的 33.3%上升到 2012 年的 91.4%，上升了 58.1 个百分点。从 2013 年起，我国采用了新的环境统计标准。2013 年依据《环境空气质量标准》（GB3095—2012），城市空气质量达标比例 4.1%；超标城市比例为 95.9%。2014 年，按照新的环境空气质量标准，空气质量达标的城市占 9.9%，未达标的城市占 90.1%。2015 年，城市环境空气质量达标的占 21.6%，城市环境空气质量超标的占 78.4%。超标天数中以细颗粒物（PM2.5）、臭氧（O_3）、和可吸入颗粒物（PM10）为首要污染物。2016 年，城市环境空气质量达标占全部城市数的 24.9%；城市环境空气质量超标的占 75.1%。

由此可见，无论是采用原来标准，还是采取新标准，我国空气质量都呈现出逐渐转好态势。图 6-18 描绘出 2001~2012 年我国城市空气优于二级的情况。

表 6-9　空气环境质量

年份	城市空气优于二级标准比例（%）	年份	城市空气优于二级标准比例（%）
2001	33.3	2007	60.5
2002	33.8	2008	71.6
2003	41.7	2009	82.5
2004	38.6	2010	81.7
2005	60.3	2011	89
2006	62.4	2012	91.4

资料来源：2001~2012 年《环境状况统计公报》。

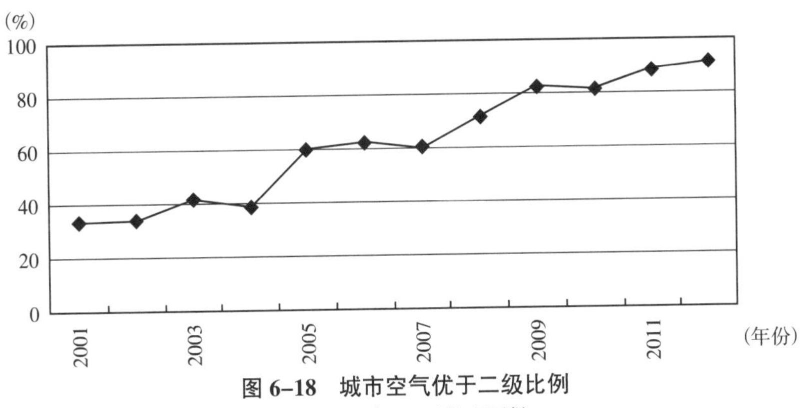

图 6-18　城市空气优于二级比例

资料来源：2001~2012 年《环境状况统计公报》，经过整理而得。

第二节　我国环境保护采取的措施

我国环境保护工作经过持续努力，取得了非常明显的成就。这些成就的取得，是各种因素叠加的结果。同时，也应该看到，我国在环境保护措施方面还存在一些不足之处，这些不足之处需要我国认真对待，以便取得更加积极的效果。

一、环境立法方面

我国政府十分重视环境保护工作，充分认识到法律法规在环境保护和治理环境污染方面所起的重要作用。改革开放以来，我国环境保护方面的立法进入快车道。经过多年努力，我国已经形成了一整套比较完善的环境保护方面的法律法规。综合起来看，改革开放后，我国环境保护方面立法呈现出以下几个特征。

（一）阶段性特征明显

改革开放以来，我国环境保护方面的立法基本分成三个阶段，呈现出明显的阶段性特征。第一阶段是 1978~1982 年。这一阶段是法制建设恢复阶段。1978 年召开的党的十一届三中全会，对于“文化大革命”时期法制建设遭到全面破坏的惨痛历史进行总结，做出加强社会主义民主和法制建设的重大决定。此后几年，我国法制建设逐渐摆脱此前的无序状态，逐渐走上正轨。1979 年，《中华人民共和国环境保护法（试行）》获得通过。这部法律规定了要从上到下建立环境保护的管理机构，以及实行环境影响评价制度等一系列制度。1982 年《宪法》中也增加了一系列环境保护方面的内容。比如第二十六条规定：“国家保护和改善生活环境和生态环境，防治污染和其他公害。”“国家组织和管理植树造林，保护林木。”这些条款，对于环境保护方面的立法起到重要的指导作用。

第二阶段是 1982~1997 年。这一阶段是我国法制建设的发展阶段，是我国依法治国方略得以充分体现的阶段。根据孙佑海的统计，仅 1982~1990 年，全国人大常委会先后制定的法律有：《海洋环境保护法》、《水污染防治法》、《空气污染防治法》、《森林法》、《草原法》、《渔业法》、《矿产资源法》、《土地管理法》、《水法》、《野生动物保护法》。自从 1994 年 3 月，国务院批准的《中国二十一世纪议程》中提出实施可持续发展的总体战略、基本对策和行动方案之后，我国环境保护立法又掀起新的高潮。1995~1997 年，全国人大常委会先后制定、修改了《空气污染防治法》、《固体废物污染环境防治法》、《水污染防治法》、《环境噪声污染防治法》、《水土保持法》、《矿产资源法》和《煤炭法》等一批法律。经过这一阶段的立法完善，我国环境保护立法体系初步形成。

第三阶段，1997~2017 年。这一阶段，我国环境保护立法在初步形成体系的基础上，进入到细化和全面化的阶段。这期间发生了一系列重大事件。以江泽民同志为核心的第三代中央领导集体，在中共十五大报告中提出依法治国，建设社会主义法治国家的奋斗目标。1999 年 3 月，九届全国人大将依法治国建设社会主义法治国家载入宪法。2002 年以胡锦涛同志为总书记的新一代中央领导集体，提出进一步落实依法治国方略。2003 年，十届全国人大一次会议上，提出了在任期内基本形成中国特色社会主义法律体系的立法目标。以习近平同志为核心的党中央高度重视环境保护工作。习近平同志多次强调，生态环境保护是功在当代、利在千秋的事业。要清醒认识保护生态环境、治理环境污染的紧迫性和艰巨性，清醒认识加强生态文明建设的重要性和必要性，以对人民群众、对子孙后代高度负责的态度和责任，真正下决心把环境污染治理好、把生态环境建设好，努力走向社会主义生态文明新时代，为人民创造良好的生产生活环境。

这一系列重要治国方略为我国新世纪环境保护立法指明了方向。这一时期，各种新的环境保护方面的法律法规不断涌现，进一步充实完善了我国环境保护立法体系。这一阶段，先后修改和制定的环境保护的法律主要有：《森林法》（1998 年修改）、《土地管理法》（1998 年和 2004 年分别修改）、《渔业法》（2000 年修改）、《海域使用管理法》（2001 年）、《防沙治沙法》（2001 年）、《环境影响评价法》和《清洁生产促进法》（2002 年）、《中华人民共和国放射性污染防治法》（2003 年）、《中华人民共和国固体废物污染环境防治法》（2004 年修订）、《水污染防治法》（2008 年修订）、《中华人民共和国农村土地承包经营纠纷调解仲裁法》（2009 年）、《环境保护法》（2014 年修订）、《中华人民共和国空气污染防治法》（2015 年修订）。

（二）内容涵盖范围越来越广泛，内容越来越细致

除了立法之外，国务院相关部门制定了一系列重要的条例和相关标准，这是环境保护立法的重要补充。根据 2001~2016 年《中国环境统计公报》的资料，这一阶段，国务院及相关部门制定了大量的有关环境保护的法规和条例。

2001 年国家环保总局发布和修订了《锅炉空气污染物排放标准》、《危险废物焚烧污染控制标准》、《合成氨工业水污染物排放标准》、《轻型汽车污染物排放标准》、《农用运输车污染物排放标准》等污染排放控制国家标准和《饮食业油烟净化设备技术要求及检测技术规范》，发布《一次性餐饮具》等环境产品技术要求 17 项。国务院颁布了《农业转基因生物安全管理条例》、《报废汽车回收管理办法》、《危险化学品安全管理条例》等。国家环保总局发布《地方机动车空气污染物排放标准审批办法》、《有机食品认证管理办法》、《畜禽养殖污染防治管理办法》、《淮河和太湖水系排放重点水污染物许可证管理办法》和《建设项目竣工环境保护验收管理办法》。

2002年，国务院颁布了《排污费征收使用管理条例》。国家环保总局制定《建设项目环境保护分类管理规定》和《建设项目环境保护文件分级审批规定》、《燃煤二氧化硫排放污染防治技术政策》。

2003年，国务院颁布了《医疗废物管理条例》，环保总局颁布《环境影响评价审查专家库管理办法》、《新化学物质环境管理办法》、《专项规划环境影响报告书审查办法》、《环境保护行政处罚办法》和《全国环保系统六项禁令》。

2004年，国务院颁布《危险废物经营许可证管理办法》，国家环保总局与有关部门联合颁布《医疗废物管理行政处罚办法》、《散装水泥管理办法》、《清洁生产审核暂行办法》。国家环保总局制定发布了《环境污染治理设施运营资质许可管理办法》、《地方环境质量标准和污染物排放标准备案管理办法》和《环境保护行政许可听证暂行办法》、《医疗废物集中焚烧处置工程建设技术要求（试行）》、《危险废物集中焚烧处置工程建设技术要求（试行）》、《危险废物安全填埋处置工程建设技术要求》。

2005年，国务院颁布了《放射性同位素与射线装置安全和防护条例》、《国务院关于落实科学发展观加强环境保护的决定》。国家环保总局制定颁布了《建设项目环境影响评价资质管理办法》、《废弃危险化学品污染环境防治办法》、《污染源自动监控管理办法》、《环境保护法规制定程序办法》、《建设项目环境影响评价文件审批程序规定》、《建设项目环境影响评价行为准则与廉政规定》。

2006年，国务院颁布《中华人民共和国濒危野生动植物进出口管理条例》、《风景名胜区条例》、《防治海洋工程建设项目污染损害海洋环境管理条例》。监察部、国家环保总局出台《环境保护违法违纪行为处分暂行规定》、《环境影响评价公众参与暂行办法》、《国家级自然保护区监督检查办法》、《环境统计管理办法》、《环境信访办法》、《放射性同位素与射线装置安全许可管理办法》、《病原微生物实验室环境安全管理办法》、《环境监测质量管理规定》、《国家环境保护标准制修订工作管理办法》、《环境行政复议与行政应诉办法》。

2007年，环保总局发布《全国农村环境污染防治规划纲要》。

2008年，环境保护部配合国家发展和改革委员会编制了《太湖流域水环境综合整治总体方案》，原国家环境保护总局、国家发展和改革委员会联合印发了《三峡库区及其上游水污染防治规划（修订本）》。2008年6月6日环境保护部印发了《关于加强土壤污染防治工作的意见》。2008 年 6 月 8 日，《中共中央　国务院关于全面推进集体林权制度改革的意见》出台。

2009 年，环保部与农业部联合发布《农村土地承包经营纠纷仲裁规则》和《农村土地承包仲裁委员会示范章程》。2010 年，环保部等九个部门发布《关于推进空气污染联防联控工作改善区域空气质量指导意见》、《环境空气质量标准》、《环境振动标准》、《石油炼制工业污染物排放标准》征求意见稿。发布了《地方环境质量标准和污染物排放标准备案管理办法》、《国家环境保护标准制修订项目计划管理办法》以及《环境监测分析办法标准制修订技术导则》、《环境保护标准编制出版技术指南》。

2010 年，环境经济政策。绿色信贷政策继续深化，组织制定了新的一批《环境经济政策配套综合目录》、《环境风险评估技术指南——氯碱企业环境风险等级划分办法》。2010 年印发《2010~2012 年全国城乡环境卫生整洁行动方案》。

2011 年，国务院发布《关于实行最严格水资源管理制度的意见》，从国家层面对实行最严格水资源管理制度进行了全面部署和具体安排。2011 年，国务院印发《国家环境保护“十二五”规划》。环保部起草了《重点区域空气污染防治规划（2011~2015）》、《全国危险废物和医疗废物处置设施建设规划》。国务院发布的《太湖流域管理条例》、《“十二五”节能减排综合性工作方案》、《关于加强环境保护重点工作的意见》、《国家环境保护“十二五”规划》，以法规或政策的形式，规定了环境污染责任保险制度。财政部印发了《国家重点生态功能区转移支付办法》、《全国土壤环境保护规划（2011~2015）》、《关于进一步加强农村环境保护工作的意见》、《全国环境宣传教育行动纲要（2011~2015 年）》。2011 年，发布了《国家环境保护“十二五”科技发展规划》，加快完善环保标准体系。2011 年，环保部共发布 73 项国家环境保护标准。《火电厂空气污染物排放标准》、《稀土工业污染物排放标准》、《乘用车内空气质量评价指南》有效引导车内空气污染防治和汽车制造业技术进步。

2012 年发放了《环境空气质量标准》、《环境空气质量指数技术规定》、《铁矿采选工业污染物排放标准》。

2013 年，出台《城镇排水与污水处理条例》，印发《国务院关于加强城市基础设施建设的意见》、《国务院办公厅关于做好城市排水防涝设施建设工作的通知》、《关于执行空气污染物特别排放限值的公告》、《城市空气重污染应急预案编制指南》。国务院印发《空气污染防治行动计划》。

2014 年 1 月 1 日，《国家重点监控企业自行监测及信息公开办法（试行）》和《国家重点监控企业污染源监督性监测及信息公开办法（试行）》出台。2014 年，继续加强交通运输节能减排政策引导，印发《交通运输行业贯彻落实〈2014~2015 年节能减排低碳发展行动方案〉的实施意见》、《交通运输部关于加快新能源汽车推广应用的实施意见》、《内河船型标准化补贴资金管理办法》。

2015 年，《中共中央关于制定国民经济和社会发展第十三个五年规划的建议》提出实行最严格的环境保护制度，党中央、国务院印发《关于加快生态文明建设的意见》和《生态文明体制改革方案》，共同形成了深化生态文明体制改革的战略部署和制度架构；同时，印发了《全国公路水路交通运输环境监测网规划》。2015 年通过了《空气污染防治法》。2015 年，国家通过了《生态文明体制改革总体方案》。为了保证该方案的顺利实施，建立了 6 个配套性法规规定，即《环境保护督察方案（试行）》、《生态环境监测网络建设方案》、《开展领导干部自然资源资产离任审计试点方案》、《党政领导干部生态环境损害责任追究办法（试行）》、《编制自然资源资产负债表试点方案》、《生态环境损害赔偿制度试点改革方案》。

2016 年修订《最高人民法院最高人民检察院关于办理环境污染刑事案件适用法律若干问题的解释》。

以上这些有关环境保护方面的法规和条例是环境保护立法体系的重要组成部分，为提高我国环境保护水平，有效治理环境污染提供了可操作性的规范。

（三）重视环境保护法律法规的国际合作

多年来，我国政府除了环境保护国内立法之外，非常重视环境保护立法的国际合作，经过多年努力，取得了一系列重要成果。

2001 年，中国参加了《生物安全议定书》第二次政府间会议，并且签署了《关于持久性有机污染物的斯德哥尔摩公约》。

2004 年，全国人大批准了中国政府签署的《关于在国际贸易中对某些危险化学品和农药采用事先知情同意程序的鹿特丹公约》。

2005 年，国务院正式核准中国加入《生物安全议定书》。

2006 年，全国人大常委会批准加入《乏燃料管理安全和放射性废物管理安全联合公约》，与联合国环境规划署签署《中华人民共和国国家环境保护总局和联合国环境规划署协议书》，签署了《中俄跨界水体水质联合监测的谅解备忘录》以及《中俄跨界水体水质联合监测计划》。

2011 年中哈签订了《中哈跨界河流水质保护协定》和《中哈环境保护协定》，成立了中哈环保合作委员会，将中哈环保合作引入长效化和机制化的新阶段。2013 年，印发《“十二五”环境保护国际合作工作纲要》、《环境国际公约履约“十二五”工作方案》、《“十二五”核与辐射安全国际合作工作方案》，签署了《关于汞的水俣公约》。

2014 年发布了《关于持久性有机污染物的斯德哥尔摩公约》，新增 10 类 POPs 修正案生效公告。2015 年，发布了《中日韩环境合作联合声明》。

通过国际合作，我国环境保护法律法规体系进一步完善，不仅有利于提升我国环境保护水平，而且有利于取得国际社会对于我国环境保护工作的理解和支持，有利于全世界共同做好环境保护工作，提高环境质量。

（四）法律法规的制定与实施相互结合

为了保证我国环境保护方面的法律法规能够取得应有的效果，发现我国环境保护方面的法律法规在实施过程中出现的问题，便于进行相应的修改完善，全国人大和国务院相关部门根据自身立法和执法监督权限，进行多次相应的环境保护法律法规实施的监督检查工作。全国人大多次组成环境保护方面的法律实施督查组，对发现问题及时通报，督促解决。如，2003 年，全国人大常委会就开展了《中华人民共和国固体废物污染环境法》执法检查工作。

2005 年 12 月，国家环保总局紧急部署各地开展环境安全大检查，对江河湖海沿线沿岸的重污染、高危企业，特别是集中式饮用水源地上游和居民集中区周围的大中型化工企业或化工园区，以及危险废物贮存、处置场所等重点区域和单位进行全面排查。

2006 年 10 月，国务院专门印发了《国务院关于开展第一次全国污染源普查的通知》，决定于 2008 年起开展全国污染源普查工作，以检验我国环境保护方面法律法规实施成效。

2008 年起连续多年按照国务院相关部门的总体部署，深入开展环境保护专项行动，督促检查环境保护法规落实情况。

2015 年，深入开展《环境保护法》实施年活动，依法落实地方政府的环保责任。为了检验《环境保护法》实施情况，环境保护部对各个省份开展综合督查，公开约谈环境质量出现问题的地方政府主管领导。

总体上看，我国的环境立法体系已经逐渐完善，但也暴露出一些不足之处。

一是环境污染治理立法还有一些空白之处。比如要提升全社会环境保护质量，必须广泛动员，发动全社会力量。这需要通过相应的法律法规，调动全社会参与环境保护的积极性和主动性。目前，环境保护部已于2015年通过了《环境保护公众参与办法》。但是这个办法的可操作性和相应的激励措施都有待提升。

二是相应法律体系需要进一步健全。目前我国环境保护法律体系在国家层面上较为齐全，但我国地大物博，每个地区的环境问题的起因，环境问题现状各不相同。因此，各个地方政府需要在我国国家层面的环境保护法律法规的基础上，制定适应本地特征的可操作性的地方政府环境保护规章。制定地方的环境保护法律法规，并不是要降低环境保护的标准，而是要坚持在全国性环境保护法律法规规定的标准的基础上，根据地方特色，形成符合本地实际情况的，有可操作性的地方规定。目前，这方面的地方规定还没有形成完整体系，不利于各地环境保护工作的顺利开展。这方面需要各个地方政府付出相应的努力。

二、重视环境宣传教育

环境保护是全社会的共同职责，只有全社会共同努力，才能提升环境质量。要提升全社会环境污染治理水平，首先要提升社会公众的环境素养。这需要进行全面深入持久的环境教育才能达到。一个民族，只有重视了环境教育，才能大幅提升社会公众从事环境保护的责任感和能力。发达国家早在20世纪六七十年代就开始重视环境教育。经过多年努力，环境教育理论和实践达到了相当高的水平。

目前，我国的环境教育在理论上和实践上，已取得了一系列成果，但同时也存在一系列问题。理论上看，学者们对我国环境教育存在的问题进行了广泛的探讨，取得了一系列研究成果。有学者认为我国环境教育方面存在的问题主要表现为：我国国民生态学基础教育水平不高；教育者自身环境教育意识不强；环境评价和提出环境建议水平较低；环境教育行为水平较低（雷秀雅等，2013）。

有学者总结我国高校开展环境教育的内容、必要性、现状及存在的问题，并提出开展环境教育的路径：在教学模式上，可以采用渗透模式和单一学科模式；教学方法上，可以采取显性教育和隐性教育两大类（梁仁君，2005）。还有学者认为，要消除与国外环境教育的差距，解决教育实践中存在的问题，必须妥善解决公众的生存困境、公共管理者的政绩偏好、企业家对最大利益的追求、学校的应试教育及当代人的利己主义倾向与环境教育的关系等一系列问题（廖小平等，2012）。有学者总结了我国环境教育存在的结构性问题：环境人文教育比环境科学教育发展缓慢，使得环境教育的学科结构不尽合理；基础环境教育比专业环境教育发展缓慢，使得环境教育的层次结构不尽合理（雷洪德，2006）。

有学者认为，针对我国自然灾害频发的实际情况，应该广泛开展环境安全教育。这主要通过两个途径实现：学校开设安全教育系列课程，根据专业实际，安排相关的环境安全教学内容；加强校园安全文化建设，营造良好的校园安全文化教育氛围（王万轩，2011）。有学者提出，我国环境教育应该摒弃现有的强调“关于环境的教育”的倾向，转向于在环境教育中贯彻真善美相结合的理念。通过环境意识之真、环境正义之善、环境感受之美的教育，使得全社会树立以人为本的环境价值观，最终促成环境正义德行的形成（张斌，2010）。有学者总结了环境教育在我国可持续发展中的特殊作用。主要表现在：增加国民环境意识，减少生产和生活中的浪费；推动更加先进的环境保护技术的研发（楼慧心，1998）。有学者认为，我国高校环境教育存在一系列问题，包括：专业型环境教育与普及型环境教育发展的失衡，环境知识教育与环境情感、环境伦理教育的失衡，环境教育的跨学科性缺失。在此基础上，提出：要将环境教育确立为高校通识课程、必修课程并完善教师团队；将培育环境情感作为突出目标；将大学生的环境伦理道德塑造摆在更加突出的位置（印卫东，2012）。

有学者从制度层面研究了环境教育问题，提出我国环境教育制度创新的途径（王菊平，2007）。有学者分析了我国环境教育的现状及存在的问题，并提出了相应的对策：大力发展经济、加强宣传教育、学习国外环境教育成功经验、借鉴我国古代环境伦理思想、发展新型生态文化、培养具有生态环境教养的公民（赵宇，2012）。有学者提出改进我国环境教育的几点建议：进一步强化环境教育的战略地位，加快制度化建设，鼓励与支持社会力量参与，规范政府与教育部门的义务与责任，通过立法以及完善与之配套的各项法规和制度，使得我国环境教育能够健康和可持续发展（刘卫华，2011）。

有学者认为，我国应该逐步建立和推行环境教育认证制度，并最终以国家或立法形式确定下来。认证制度建设的具体内容应该包括环境教育人员认证、环境教育机构认证和环境教育场所认证（才惠莲，2015）。有学者认为，我国环境教育存在一些不足：环境教育缺乏系统性、对环境教育一些重大问题研究不够深入、环境教育研究人员缺乏、学科单一化（崔建霞，2009）。有学者提出，从时序上看，我国环境教育大体上分为四个不同发展阶段，萌芽和起步阶段、奠基和拓展阶段、深化和蓬勃发展阶段以及生态文明教育阶段。从层次上看，可以分为三个阶段：为了环境的教育、可持续发展教育、生态文明教育（王忠祥等，2013）。

除了理论方面的研究成果，实践方面，我国对于环境教育也进行了有益的探索。实践上看，我国政府历来重视环境教育对于提升公民环境素养的作用，充分认识到经过科学全面的环境教育，能够有效增强公民环境保护知识，提升公民环境的保护意识。

2009 年，环境保护部会同中宣部、教育部联合下发《关于做好新形势下环境宣传教育工作的意见》，明确提出要加紧构建政府主导、各方配合、运转顺畅、充满活力、富有成效的环境宣教工作大格局，并对新形势下环保宣教工作的目标、任务及保障措施等作了全面部署，统一了上下的思想认识，明确了工作方向。充分发挥新闻宣传报道在环境教育中的主力军作用。通过统筹协调电视、报纸、网络等媒体，精心组织“让江河湖泊休养生息”系列报道，深入报道“锰三角”环境综合整治成效，主动围绕媒体和社会普遍关心的问题发布新闻通稿，并积极利用重要宣传平台组织专题新闻发布会，为推进环保事业发展提供了有力的舆论支持。

2010 年，新闻宣传工作紧密围绕环保中心工作，积极协调电视、报刊、网络等媒体，充分利用各类新闻资源，尝试与主流媒体开展深度合作，精心组织策划重点报道，有效引导了社会舆论。其中，就各界普遍关注的环境质量问题以及青海玉树地震、甘肃舟曲泥石流、吉林化工桶等环境突发事件，连续发布新闻通稿，及时、正确引导舆论，为保持社会稳定发挥了积极作用。此外，与新华社中国新华新闻电视网开展合作开办了电视新闻栏目——《环境》。自 6 月 5 日开播以来，《环境》栏目中英文已各播出 30 期、共 240 次，受到了社会各界特别是海外观众的好评。本年度，围绕“低碳减排·绿色生活”的中国主题，策划和组织了环境保护成果展览、“2010 年‘六·五’世界环境日纪念大会——青年环境友好使者推动全民低碳减排暨《节能减排　保护环境》特种邮票首发仪式”等系列宣传纪念活动；支持举办了 2010 年高校环保艺术节和中国首部反映水危机的环保电影《河长》首映式。此外，积极实施全国省级环保宣教机构标准化建设项目，为全国环保宣传教育事业可持续发展奠定了坚实基础。认真谋划“十二五”规划，积极推进出版、报刊改革，大力引导公众参与。组织编制了《全国环境宣传教育行动纲要（2011~2015 年）》。制定出台了《环境保护部部属期刊审读工作暂行办法》。与中国行政协会组成联合课题组开展了《绿色新政和生态文明》研究，形成了《实施中国特色的绿色新政　推动科学发展和生态文明建设》的研究报告，李克强、马凯做出了重要批示。制定并出台了《关于培育引导环保社会组织有序发展的指导意见》。

2011 年，全面部署“十二五”时期全国环境宣传教育工作，稳妥推进出版社、报刊改制。首次以环境保护部、中宣部、中央文明办、教育部、团中央、全国妇联六部门名义，联合印发《全国环境宣传教育行动纲要（2011~2015 年）》，为部门联动开展环境宣教活动提供了依据；召开了全国环境宣传教育工作会议，总结交流了“十一五”以来环境宣教工作的主要成绩和经验；与中国行政管理学会共同完成了《更加重视环保在转变经济发展方式中的重要作用》课题研究。

创新环保宣教新形式，进一步繁荣环境文化。围绕“共建生态文明，共享绿色未来”的世界环境日中国主题，开展宣传周系列活动。精心策划组织了“十一五”环保成就展暨第十二届中国国际环保展览会和千名青年环境友好使者行动总结启动会等一系列形式多样的宣传活动，在社会上产生了广泛影响；为祝贺第七次全国环境保护大会胜利召开，制作了《探索中国环境保护新道路》宣传片，在天安门广场大屏幕滚动播出；第七次全国环境保护大会期间，协调组织举办了“环保惠民　绿色跨越”大型环保主题特别节目；积极支持《河长》、《黄河女人》、《绿色风暴》、《消失的村庄》等环保影视片的宣传推广工作。

2012 年举办了“以环境保护优化经济增长暨纪念‘六·五’世界环保日”——推动第七次全国环保大会精神再学习、再宣传、再落实高层论坛。举办“绿色消费　你我同行”专场文艺晚会、“科学发展　成就辉煌”大型图片展览等，积极宣传生态文明理念和实践。在人民大会堂举行孟祥民同志先进事迹报告会，李克强同志亲切接见了报告团成员。培育环保社会组织有序发展。4 月 22 日地球日前夕，召开了环保社会组织工作座谈会。自然之友、公众与环境研究中心等 20 余家环保社会组织就有效参与环境保护进行了深入交流。组织环保 NGO 代表团参加联合国可持续发展大会，推动中国环保民间组织参与国际交流与合作。

2015年，以“践行绿色生活”为主题开展宣传活动，加快推动生活方式绿色化。及时主动公布空气、水环境质量等与民生密切相关的环境信息，发布重点排污企业和违法排污企业名单。出台《建设项目环境影响评价信息公开机制方案》和《环境保护公众参与办法》。开通环保微信举报平台，全国共收到并办理举报线索超过1.3万条。此外，还通过各种形式的公益广告形式，宣传环境保护知识，取得了积极成果。

不可否认，现在进行的环境教育对于提升我国环境保护质量，具有积极推动作用。但也应该看到，我国环境教育还是存在一系列问题。

一是理论研究成果不够丰富。综合以上学者们对我国环境教育的研究成果来看，基本上是立足于从全面角度，较为概括性地总结我国环境教育存在的问题，并且提出一些概括性的对策。并且，学者们提出的对策基本立足于学校角度。希望改进学校的环境教育方式，提升环境教育水平。而对于社会、政府如何发挥在环境教育方面的作用，如何具体组织环境教育工作，环境教育工作的具体内容应该包括哪些，如何检验环境教育的效果等一系列问题，缺乏丰富的研究成果支持。

二是实际教育层面，现有的环境教育主要立足点是政府主导，更多是使用政府媒体，通过宣传报道，增强人们对于环境保护的重视程度，增强人民对于环境保护重要性的认识。但是，需要知道，环境保护工作更多的是依靠社会公众进行的。造成环境污染的主要是企业和公众日常行为。所以，现有的环境教育以政府主导的方式并不能从根本上提升公众环境保护意识，增强公众环境保护能力和知识。比如，现在国家通过宣传，减少塑料袋使用，曾经下发禁塑令。但塑料袋使用量有反弹趋势，这是许多公众环境保护意识没有达到应有高度的表现。还有，国家宣传的“光盘行动”也没有达到应有的教育效果。据统计，我国因为餐饮业浪费造成的粮食损失，够两亿人一年的口粮。还有，许多小区倡导垃圾分类收集，但很多公众不是不愿意参与垃圾分类收集处理，因为他们还不知道垃圾如何分类，连最基本的垃圾分类知识也不具备。这些事实都说明我国环境教育还没有达到应有的水准，在很大程度上影响了我国环境保护工作的成效。

三、重视环境保护技术开发与运用

环境保护要想取得明显成效，必须重视环境保护先进技术的开发与应用。长期以来，我国政府十分重视环境保护新技术的开发与应用。根据历年《中国环境状况公报》，可以看出我国环境技术标准逐渐系统化、规范化。

2001 年，发布《饮食业油烟净化设备技术要求及检测技术规范》。2002 年，发布《地表水和污水监测技术规范》。2004 年，当年设立的环境科技课题数达到 2993 项，当年获得环境科技活动科技奖励数 98 项，国家环保总局编制了《医院废水处理技术指南》，对医院废水处理进行技术上的规范，提出技术上的要求。通过技术要求，达到降低医院废水污染的目的。发布《摩托车排放污染防治技术政策》、《柴油车排放污染防治技术政策》和《废电池污染防治技术政策》。

2005 年，环保总局发布了《医疗废物集中焚烧处置工程建设技术规范》，从技术层面对医疗废物处置提出明确要求。2007 年，国家决定实施水专项治理方案。以“淮河、海河、辽河”三条河流，“太湖、巢湖、滇池”三座湖泊和三峡库区为重点研究领域，重点研发控源治污技术和饮用水安全保障技术。计划经过努力，建立符合我国国情的水污染防治预警和水污染控制两大技术支撑体系。

2008 年印发了《饮用水水源保护区标志技术要求》（HJ/T 433—2008），指导各地对饮用水水源保护区划定、调整、保护等工作进行规范化管理。

2009 年，健全辐射环境监测的工作机制，构建科学的辐射环境监测技术方法体系。针对当年部分地区干旱严重的情况，要求国土资源部门要认真发挥专业优势，为抗旱打井提供技术支持。

2010 年，实施水体污染控制与治理科技专项。“十一五”期间，水污染治理突破了典型化工行业清洁生产、轻工行业废水达标排放、冶金重污染行业节水、纺织印染行业控源与减毒、制药行业高浓度有机物消减等关键技术。突破了畜禽养殖废弃物生态循环利用与农村农田面源污染控制等关键技术，并进行成功的示范运用，取得明显效果。在城市开展污水深度脱氮除磷、污泥处理处置、工业园区清洁生产与污染控制关键技术研发与工程示范。突破受污染原水净化处理、管网安全输配等饮用水安全保障关键技术，为应对水污染突发事件提供技术支撑。在重点流域初步形成流域水污染治理与管理两大技术体系，研发并系统集成结构减排、工程减排和管理减排等关键技术。

2011 年，提出重点工业污染行业水污染物控制技术评估方法，筛选出重点流域典型行业最佳污染控制技术。建立了环境监测仪器环境技术评估体系，研发了一批具有很强国际竞争力的水质监测设备和材料，并形成规模化生产线。

2013 年发布了 18 项污染物排放标准、9 项技术政策、19 项技术规范。废弃电器电子产品处理技术，2013 年，废弃电器电子产品处理超过 4000 万台。842 个造纸、印染等项目实施废水深度治理及回用技术。畜禽养殖废物处理技术。

2014 年，发布《空气污染防治技术汇编》，实现空气污染防治技术系统化。通过测土施肥技术，减少不合理施肥量近 200 万吨。公布了国家鼓励发展的环境保护技术目录（工业烟气治理领域）。包括：旋转电极式电除尘技术，低温电除尘技术，细颗粒物预荷电增效技术，电除尘器高频电源供电技术等。

2015 年，实施秸秆综合利用技术、建筑工地扬尘治理技术、农业节水技术，比如滴灌和喷灌。畜禽粪便利用、农作物秸秆发电、农膜基本资源化利用技术，农业测土配方施肥技术。煤电机组脱硫、脱硝改造技术。钢铁生产脱硫、水泥生产脱硫技术。2015 年，环境保护部印发了《水污染防治工作方案编制技术指南》，对水污染防治技术使用指明方向。新能源汽车技术、《内河示范船技术评估和认定办法》。2015 年，全国一次能源消费总量为 43.0 亿吨标准煤，比 2014 年增长 0.9%，“十二五”期间年均增长 3.6%。其中，煤炭消费量占能源消费总量的 64.0%，比 2010 年下降 5.2 个百分点；石油占 18.1%，比 2010 年上升 0.7 个百分点；天然气占 5.9%，比 2010 年上升 1.9 个百分点。非化石能源消费比重达到 12.0%。“十二五”期间，全国万元国内生产总值能耗累计下降 18.2%；火电供电标准煤耗由 2010 年的 333 克标准煤/千瓦时下降至 2015 年的 315 克标准煤/千瓦时。光热发电技术，煤电节能减排升级技术。2015 年，环境保护部公布了国家先进污染防治示范技术名录（水污染治理领域）。包括：空气提升交替循环流滤床技术，电磁切变场强化臭氧氧化污水深度处理技术，臭氧催化氧化制药废水深度处理技术，循环冷却水电化学处理技术，污泥设备降解塑料的物理改性技术等。同时公布了一批国家鼓励发展的环境保护技术目录（水污染治理领域）。包括：增强型膜生活污水膜生物反应器处理技术，兼氧膜生物反应器技术，污水不锈钢编织网滤布过滤技术，低氧高效一体化生物倍增污水处理技术，连续流间歇生物反应一体化装置，高活性污泥浓度一体化反应槽污水处理技术等。

2016 年，在推动能源结构调整方面取得很大成效。实施以电代煤、以气代煤技术，加快淘汰每小时 10 蒸吨及以下的燃煤锅炉。对石油化工等 11 个行业实施清洁生产技术改造。2017 年 1 月 1 日，全国全面采用工业国五标准清洁油品。采用国五技术的油品可以大大降低废气排放。通过了《生态环境损害鉴定评估技术指导指南总纲》等技术规范，引导环境保护技术的开发与使用。2016 年全国能源消耗总量 43.6 亿吨标准煤，比 2015 年增长 1.4%。煤炭消费量下降 4.7%，原油消费量增长 5.5%，天然气消费量增长 8.0%，电力消费量增长 5.0%。煤炭消费量占能源消费总量的 62%，水电、风电、核电、天然气等清洁能源消费量占能源消费总量的 19.7%。

以上这些环保技术的开发和运用，对于提升我国环境保护水平，具有重大的推动作用。综合这些年我国环境保护技术，可以看出，具有以下两个显著特点。

一是环境技术标准数量逐渐增多，内容涵盖逐渐广泛。从 2001 年的环境技术要求到 2016 年的环境技术要求，可以看出，数量呈现大幅度增长，涵盖的内容包括生产和生活的各个方面。既有工业生产方面的，也有农业污染治理方面的环境保护技术要求，还有与人们日常生活相关的。

二是环境技术要求越来越高，越来越细化。从历年的环境技术要求变化趋势来看，我国政府对于环境保护技术的要求标准越来越高，对技术要求逐渐细化。新的环境技术要求更加关注当时民众最关注、污染较为严重的环境问题，提出相应的技术要求，动员引导相关部门研发社会急需的污染防治技术。

由于我国政府对于环境保护技术的日益重视，我国环境保护取得了明显成效。2001~2016 年我国单位 GDP 能耗稳步下降。从 2001 年万元 GDP 能耗的 1.40 吨下降到 2016 年万元 GDP 能耗的 0.59 吨，下降了 57.8%，如表 6-10 所示。

表 6-10 单位 GDP 能耗变化情况

年份	能源消费总量（亿吨标准煤）	GDP（万亿元）	单位 GDP 能耗（吨/万元）	年份	能源消费总量（亿吨标准煤）	GDP（万亿元）	单位 GDP 能耗（吨/万元）
2001	15.55	11.09	1.40	2009	33.61	34.91	0.96
2002	16.96	12.17	1.39	2010	36.06	41.30	0.87
2003	19.71	13.74	1.43	2011	38.70	48.93	0.79
2004	23.03	16.18	1.42	2012	40.21	54.04	0.74
2005	26.14	18.73	1.40	2013	41.69	59.52	0.70
2006	28.65	21.94	1.31	2014	42.58	64.40	0.66
2007	31.14	27.02	1.15	2015	42.99	68.90	0.62
2008	32.06	31.95	1.00	2016	43.60	74.41	0.59

资料来源：2001~2016 年《中华人民共和国国民经济和社会发展统计公报》，经过整理而成。

图 6-19 更加清晰地表示出我国单位 GDP 能耗变化情况。

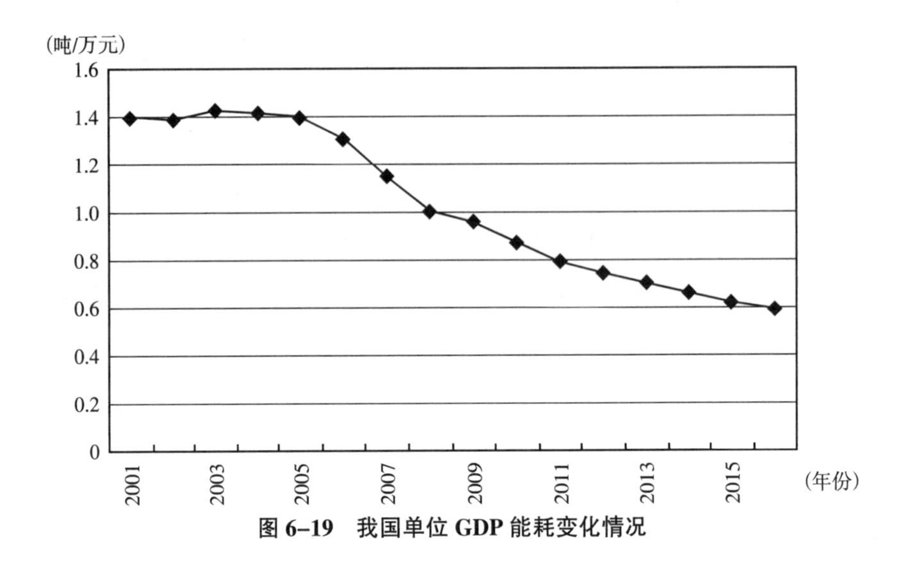

图 6-19　我国单位 GDP 能耗变化情况

本章小结

本章分析了我国环境保护的现状，包括我国雾霾污染的现状。以此增加对我国现有的环境状况特别是雾霾污染状况有全面的了解。同时对我国现有的环境保护方面，包括雾霾治理所采取的举措进行了概括。这样便于进一步了解我国在环境保护方面的做法，以及存在的不足。通过本章研究，对我国的环境现状有全面的了解，便于采取进一步的措施，以改进我国环境现状，提升雾霾治理的质量。

第七章　我国雾霾治理影响因素分析

本章首先对我国雾霾污染的具体情况进行了阐述，其次运用灰色关联分析法对我国雾霾污染的影响因素进行了分析。

第一节　我国雾霾污染现状

根据《中华人民共和国国民经济和社会发展统计公报》（2006~2015 年）数据。2015 年监测的 338 个城市中，空气质量达标的城市占 21.6%，未达标的城市占 78.4%。2014 年在按照《环境空气质量标准》（GB3095—2012）监测的 161 个城市中，空气质量达标的城市占 9.9%，未达标的城市占 90.1%。

衡量空气质量的指标主要有：总悬浮颗粒物、二氧化硫、氮氧化物、一氧化氮、臭氧。由于统计数据收集的限制，本书收集到以下数据作为衡量空气质量的指标，如表 7-1 所示。

表 7-1　二氧化硫排放量构成统计情况

单位：万吨

年份	二氧化硫排放总量	工业源二氧化硫排放量	生活源二氧化硫排放量
2006	2588.8	2234.8	354.0
2007	2468.1	2140.0	328.1
2008	2321.2	1991.3	329.9
2009	2214.4	1866.1	348.3
2010	2185.1	1864.4	320.7
2011	2217.9	2016.5	201.1

续表

年份	二氧化硫排放总量	工业源二氧化硫排放量	生活源二氧化硫排放量
2012	2117.6	1911.7	205.6
2013	2043.9	1835.2	208.5
2014	1974.4	1740.3	233.9
2015	1859.1	1638.2	220.9

资料来源：2006~2015 年《中国统计年鉴》，经过整理而得。

衡量全国雾霾质量的指标主要用废气中的二氧化硫排放量和烟尘排放量两个指标。从图 7-1 可以看出，全国废气中二氧化硫排放总量呈现下降趋势，从 2006 年的 2588.8 万吨下降到 2015 年的 1859.1 万吨，下降了 28.18%。从横向看，全国废气中二氧化硫排放量主要来自工业源排放。2006 年全国工业源二氧化硫排放量为 2234.8 万吨，占全部排放量的 86.33%；2015 年全国工业源二氧化硫排放量为 1638.2 万吨，占全部二氧化硫排放总量的 88.14%。工业源二氧化硫排放量占比有上升趋势。由此可以看出，要降低全国废气中二氧化硫排放量，从而达到减少雾霾，提高环境质量的目标，需要将重点放在工业源二氧化硫排放的治理方面。

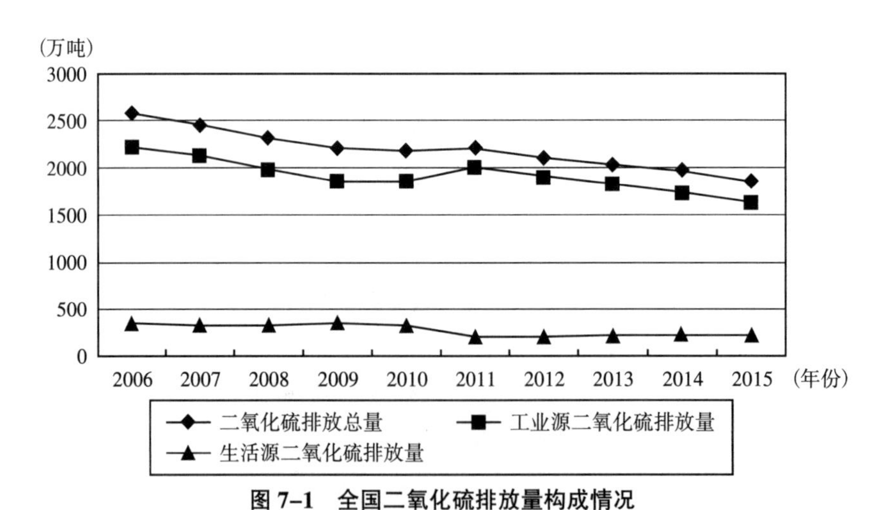

图 7-1　全国二氧化硫排放量构成情况

从表 7-2、图 7-2、图 7-3 可以看出，中国在经济社会持续发展的同时，环境质量呈现良好的趋势。在本书中，用空气污染程度衡量雾霾状况。衡量中国雾霾状况的两个重要指标是废气中二氧化硫排放量和烟尘排放量。

表 7-2　全国废气中二氧化硫和烟尘排放量

单位：万吨

	二氧化硫排放总量	工业源二氧化硫排放量	生活源二氧化硫排放量	烟尘排放总量	工业源烟尘排放量	生活源烟尘排放量
2006	130.38	124.14	6.24	42.97	40.17	2.80
2007	121.8	114.49	7.31	36.90	33.87	3.03
2008	113.03	107.37	5.66	33.46	30.62	2.84
2009	107.41	101.18	6.23	49.38	46.52	2.86
2010	105.05	100.25	4.8	48.64	45.02	3.63
2011	105.38	102.5	2.85	52.74	48.64	2.88
2012	99.2	95.92	3.25	44.32	39.61	2.85
2013	94.17	90.95	3.20	50.00	45.56	2.7
2014	90.47	87.02	3.43	76.37	72.05	2.48
2015	83.51	79.42	4.01	64.50	60.24	1.94

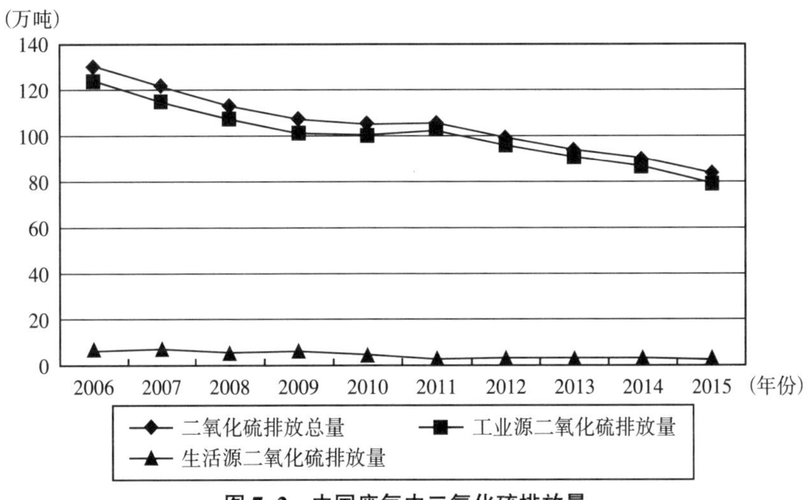

图 7-2　中国废气中二氧化硫排放量

从中国废气中二氧化硫排放量来，总量呈现下降趋势。总量从 2006 年的 130.38 万吨下降到 2015 年的 83.51 万吨，下降了 35.95%。从横向看，中国废气中二氧化硫排放量中大概有 95%来自工业源，所以要降低中国废气中二氧化硫排放量，重点应该放在治理工业废气排放方面。

从中国烟尘排放量看，有逐年上升趋势。2006 年中国烟尘排放总量 42.97 万

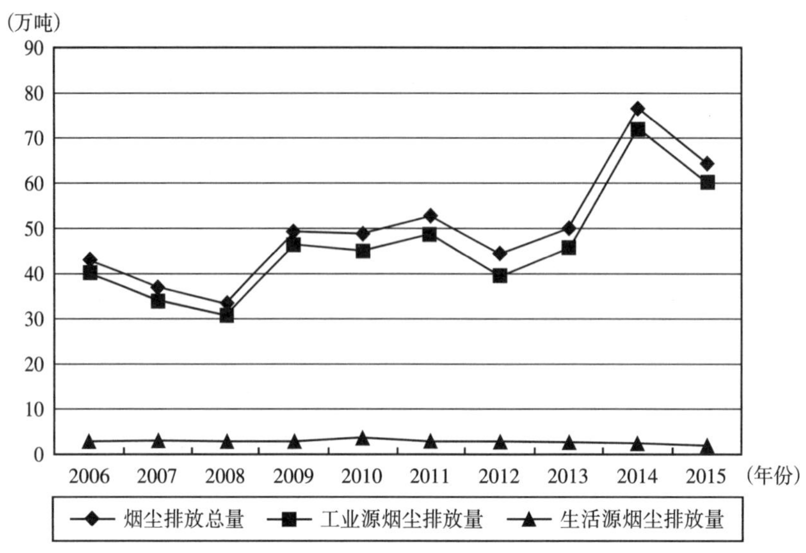

图 7-3 中国废气中烟尘排放量

吨，这个指标 2015 年达到 64.50 万吨，2015 年数值比 2006 年上升了 50.1%。上述数据显示，我国的烟尘排放主要是工业烟尘排放，2006~2015 年，中国烟尘排放量中来自工业烟尘的比例基本达到 93%以上。同时期，中国烟尘排放量中来自生活源的数额在逐渐降低。这说明，要减少中国烟尘排放量，必须重点放在工业烟尘的控制方面。

《中国环境质量状况公报（2015）》显示，2015 年 PM2.5 浓度为 58 微克/立方米，2014 年 PM2.5 浓度为 66 微克/立方米，2013 年 PM2.5 浓度为 73 微克/立方米，说明中国空气质量近三年有改善趋势。但从另外一个指标看，中国空气环境质量不容乐观。表 7-3 显示了 2005 年到 2015 年期间，中国城市中，城市环境空气质量达到国家二级标准的比例，分为三个阶段：2005~2006 年为第一阶段，呈现出好转趋势；2007~2011 年呈现第二个周期，逐渐好转；从 2012 年开始，中国空气环境质量下降明显，这四年没有一个城市达到国家二级标准。

表 7-3 城市环境质量达标率

年份	2015	2014	2013	2012	2011	2010	2009	2008	2007	2006	2005
城市环境空气质量二级标准达标率（%）	0	0	0	0	92.3	84.6	84.6	69.2	69.2	100	84.6

第二节　雾霾污染影响因素的灰色关联分析

为了更好地了解雾霾污染影响因素，需要对整体环境状况的影响因素进行分析。因为雾霾污染只是整体环境污染的一部分，通过了解我国整体环境污染的影响因素，有利于更加科学地了解我国雾霾污染成因、雾霾污染与公众行为直接的关系，从而能够理解公众在雾霾污染中起到的作用，理解公众参与雾霾污染治理的重要性和可行性。

衡量我国环境质量的指标有很多，本书用废水排放量衡量我国水环境污染的状况，用工业固体废物产生量衡量固体废物污染情况。

本节采用灰色关联分析法分析我国环境状况与影响因素之间的关系。下面简单介绍灰色关联法。在日常生活和科学研究中，常常需要对两个因素之间的关系进行分析。衡量两个系统之间的管理程度通常用到一个指标——关联度。在系统发展过程中，若两个因素变化的趋势具有一致性，即同步变化程度较高，即可谓二者关联程度较高；反之，则较低。但是，由于各种因素限制，经常使得能够获得的可用数据较少，这给分析两个因素之间关联度带来了困难。灰色关联分析法，提供了数据样本量达不到足够大的情况下，分析两个因素之间相关性的科学方法。

灰色关联动态分析的建模步骤如下：

（1）建立原始数列的因变量参考数列和自变量比较数列。

因变量参考数列又叫母序列，记作 $x_0^{(k)}$：$x_0^{(k)}=[x_0^{(1)}, x_0^{(2)}, x_0^{(3)}, \cdots, x_0^{(k)}]$；

自变量比较数列又叫子序列：$x_i^{(k)}$：$x_i^{(k)}=[x_i^{(1)}, x_i^{(2)}, x_i^{(3)}, \cdots, x_i^{(k)}]$（$i=1, 2, 3, \cdots, n$）。

（2）将原始序列进行无量纲处理。

这是为了消除数量级大小不同而造成的影响，便于进行计算和比较。可以运用初始化法，均值化法等进行，计算公式分别是 $x_i^{(k')}=x_i^{(k)}/x_i^{(1)}$ 或者 $x_i^{(k')}=x_i^{k}/\bar{x}_i$。

（3）计算每个时刻点上母序列与各个子序列差的绝对值，找出最大差和最小差。

差序列：$\Delta_i(k)=\left|x_0^{(k')}-x_i^{(k')}\right|(i=1, 2, 3, \cdots, n)$

$\Delta_i=[\Delta_i(1), \Delta_i(2), \Delta_i(3), \cdots, \Delta_i(k)]$

最大差：$\Delta_{max}=\max\limits_i \max\limits_i \left|x_0^{(k')}-x_i^{(k')}\right|$，最小差：$\Delta_{min}=\min\limits_i \min\limits_i \left|x_0^{(k')}-x_i^{(k')}\right|$

（4）计算灰色关联系数。

$$L_{0i}^{(k)}=\frac{\Delta_{min}+\lambda\Delta_{max}}{\Delta_i(k)+\lambda\Delta_{max}}$$

式中，$L_{0i}^{(k)}$ 是子序列 $x_i(i=1, 2, 3, \cdots, n)$ 的 k 个数与母序列 x_0 的关联系数，λ 是分辨系数，在 0 到 1 之间，通常取 $\lambda=0.5$。

（5）计算灰色关联度。

要求得总的关联度，需要考虑到不同的观测点在总体观测中的重要性程度，因此需要确定各个点的权重。一般情况下，采用算术平均数的方法计算灰色关联度。$r_{0i}=\dfrac{1}{n\sum\limits_{k=1}^{n} r_{0i}(k)}$，$r_{0i}$ 表示数列 x_0 与数列 x_i 之间的关联系数。

（6）关联度排序。

根据 r_{0i} 的大小进行关联度排序。关联度越接近于 1，说明关联程度越大。根据经验，当 $\lambda=0.5$ 时，关联度大于 0.6 便认为关联性显著（刘思峰等，1991）。

一、我国废水污染影响因素分析

根据灰色关联分析法的分析步骤，第一步，列出废水排放量和各个影响因素的原始数值，如表 7-4 所示。以全国废水排放量为母序列，其他几个因素为子序列。这几个因素对于全国废水排放量有较为明显的影响。GDP 总量指我国经济发展的总体规模。在我国经济发展过程中，不可避免地使用各种能源和原材料，在生产过程中会产生大量的废水排放。而人口总数增加，会直接导致生活废水排放的增加。能源使用量的增加，会导致能源使用过程中产生的废物增加，当然也包括废水。民用汽车保有量的增加，使得汽车使用过程中导致的废物排放量增加，也间接包括废水增加。研发经费投入越高，越容易研发出先进的科学技术，有利于废水排放量的减少，环境污染治理投资增加，有利于采用更加先进的环保治理设备和治理措施，有利于废水排放量的减少。所以，这几个因素都对全国废水排放量有影响。通过灰色关联分析法的分析，进一步科学地验证每个因素对全国废

表 7–4　全国废水排放量和影响因素原始数值

年份	全国废水排放量（亿吨）	GDP 总量（亿元）	人口总数（亿人）	能源使用量（亿吨标准煤）	民用汽车保有量（万辆）	研发经费投入（亿元）	环境污染治理投资（亿元）
2006	536.8	209407	13.145	24.6	4985	2943	2566.0
2007	556.8	246619	13.213	26.5	5697	3664	3387.3
2008	572.0	300670	13.280	28.5	6467	4570	4937.0
2009	589.2	335353	13.347	31.0	7619	5433	5258.4
2010	617.3	397983	13.410	32.5	9086	6980	7612.2
2011	652.1	471564	13.474	34.8	10578	8610	7114.0
2012	684.8	519322	13.540	36.2	12089	10240	8253.5
2013	695.4	568845	13.607	37.5	13741	11096	9037.2
2014	716.2	636463	13.678	42.6	15447	13312	9575.9
2015	735.3	676708	13.740	43.0	17228	14220	8806.3

资料来源：2006~2015 年《中华人民共和国国民经济和社会发展统计公报》。

水排放量的影响程度，有利于更加科学地了解哪些因素对我国废水排放量产生主要的影响，从而有利于采取更科学的措施。

第二步，对原始数据进行无量纲处理，以 2006 年数据为准，结果如表 7–5 所示。

表 7–5　全国废水排放量及影响因素无量纲分析

年份	全国废水排放量（亿吨）	GDP 总量（亿元）	人口总数（亿人）	能源使用量（亿吨标准煤）	民用汽车保有量（万辆）	研发经费投入（亿元）	环境污染治理投资（亿元）
2006	1	1	1	1	1	1	1
2007	1.037	1.178	1.005	1.077	1.143	1.245	1.320
2008	1.065	1.436	1.010	1.159	1.297	1.553	1.924
2009	1.098	1.601	1.015	1.260	1.528	1.846	2.049
2010	1.150	1.901	1.020	1.321	1.823	2.372	2.967
2011	1.215	2.252	1.025	1.414	2.122	2.926	2.772
2012	1.276	2.480	1.030	1.472	2.425	3.479	3.216
2013	1.295	2.716	1.035	1.524	2.756	3.770	3.521
2014	1.334	3.039	1.041	1.732	3.099	4.523	3.732
2015	1.370	3.231	1.045	1.748	3.456	4.832	3.432

第三步，以全国废水排放量为母序列，其他因素为子序列，计算差序列，并找出最大差和最小差，如表 7–6 所示。

表 7–6　全国废水排放量及影响因素差序列

年份	GDP 总量（亿元）	人口总数（亿人）	能源使用量（亿吨标准煤）	民用汽车保有量（万辆）	研发经费投入（亿元）	环境污染治理投资（亿元）
2006	0	0	0	0	0	0
2007	0.141	0.032	0.040	0.106	0.208	0.283
2008	0.371	0.055	0.094	0.232	0.488	0.859
2009	0.503	0.083	0.162	0.430	0.748	0.951
2010	0.751	0.130	0.171	0.673	1.222	1.817
2011	1.037	0.190	0.199	0.907	1.711	1.557
2012	1.204	0.246	0.196	1.149	2.203	1.940
2013	1.421	0.260	0.229	1.461	2.475	2.226
2014	1.705	0.293	0.398	1.765	3.189	2.398
2015	1.861	0.325	0.378	2.086	3.462	2.062

最大差为 3.462，最小差为 0。

第四步，计算关联系数，全国废水排放量与影响因素的关联系数，取 λ = 0.5。计算结果如表 7–7 所示。

表 7–7　全国废水排放量及影响因素关联系数

年份	GDP 总量（亿元）	人口总数（亿人）	能源使用量（亿吨标准煤）	民用汽车保有量（万辆）	研发经费投入（亿元）	环境污染治理投资（亿元）
2006	1	1	1	1	1	1
2007	0.925	0.982	0.977	0.942	0.893	0.859
2008	0.823	0.969	0.948	0.882	0.780	0.668
2009	0.775	0.954	0.914	0.801	0.698	0.645
2010	0.697	0.930	0.910	0.720	0.586	0.488
2011	0.625	0.901	0.897	0.656	0.503	0.526
2012	0.590	0.876	0.898	0.601	0.440	0.472
2013	0.549	0.869	0.883	0.542	0.411	0.437
2014	0.504	0.855	0.813	0.495	0.352	0.419
2015	0.482	0.842	0.820	0.453	0.333	0.456

第五步，计算关联度，如表 7-8 所示。

表 7-8 全国废水排放量与影响因素关联度

	GDP 总量（亿元）	人口总数（亿人）	能源使用量（亿吨标准煤）	民用汽车保有量（万辆）	研发经费投入（亿元）	环境污染治理投资（亿元）
全国废水排放量	0.697	0.918	0.906	0.709	0.599	0.597

按照全国废水排放量与其影响因素关联度大小，可以看出，对全国废水排放量影响力按照从大到小的顺序分别是：人口总数、能源使用量、民用汽车保有量、GDP 总量、研发经费投入、环境污染治理投资。

对全国废水排放量影响最大的因素是人口总数。随着现代社会的高速发展，人民群众对生活质量的要求越来越高，所以人们在日常生活中产生的废水排放量也越来越多。比如人们洗衣次数、洗澡次数、做饭洗菜的次数等都大幅增加。人们外出就餐次数大幅增加，这些都导致生活废水排放量大幅增加。所以提倡全社会的节约意识，在提高我们生活质量的同时，从自身做起，减少废水的排放，对于保持全社会的环境质量提升有重要意义。

能源使用量对全国废水排放量影响非常显著。因为我国现在还没有完全摆脱粗放型的生产生活方式。我国能源使用效率与发达国家相比还比较低。根据测算，我国万元 GDP 能耗是日本的 3~4 倍。这种粗放型的生产生活方式，直接导致我国能源使用量的大量增加。在能源粗放式消费的情况下，必然会产生大量的废水排放。所以提升我国能源使用效率，改善我国能源消费结构，采用更加科学的能源使用方式，对减少我国废水排放、提升环境质量有重要意义。

民用汽车保有量对废水排放有重要影响。大量的民用汽车使用过程中，消费了大量水资源，并产生了很多废水排放。比如洗车导致直接的废水排放，为了维护大量的道路资源，需要不断洒水，这样也会导致很多废水产生。所以，提倡绿色出行、减少私有汽车数量对减少废水排放有积极意义。

GDP 总量对我国废水排放有重要影响。因为我国经济结构还没有完全摆脱依赖大量投资促进的模式。在促进 GDP 总量增长的同时，大量废水特别是工业废水排放也不可能在短时间内得以大幅度减少，这导致我国废水排放量的增加。

研发经费投入对于废水排放量有一定影响。研发经费投入的增加，有助于更新的技术产生，用以减少废水排放。环境污染治理投资对于废水排放也有积极影响。环境污染治理投资的增加，能够采用更先进的设施，有助于减少废水排放。

二、我国固体废物污染影响因素分析

固体废物污染是影响我国环境质量的重要因素。本节以灰色关联分析法，分析影响固体废物污染的因素。

第一步，列出工业固体废物产生量和各个影响因素的原始数值，如表 7–9 所示。以工业固体废物产生量为母序列，其他几个因素为子序列。

表 7–9　全国工业固体废物产生量和影响因素原始数值

年份	全国工业固体废物产生量（亿吨）	GDP 总量（亿元）	人口总数（亿人）	能源使用量（亿吨标准煤）	民用汽车保有量（万辆）	研发经费投入（亿元）	环境污染治理投资（亿元）
2006	15.2	209407	13.145	24.6	4985	2943	2566.0
2007	17.6	246619	13.213	26.5	5697	3664	3387.3
2008	19.0	300670	13.280	28.5	6467	4570	4937.0
2009	20.4	335353	13.347	31.0	7619	5433	5258.4
2010	24.1	397983	13.410	32.5	9086	6980	7612.2
2011	32.5	471564	13.474	34.8	10578	8610	7114.0
2012	32.9	519322	13.540	36.2	12089	10240	8253.5
2013	32.7	568845	13.607	37.5	13741	11096	9037.2
2014	32.6	636463	13.678	42.6	15447	13312	9575.9
2015	32.5	676708	13.740	43.0	17228	14220	8806.3

第二步，对原始数值进行无量纲处理，以 2006 年数据为基准，得到数据如表 7–10 所示。

表 7–10　工业固体废物产生量与影响因素无量纲数据

年份	全国工业固体废物产生量（亿吨）	GDP 总量（亿元）	人口总数（亿人）	能源使用量（亿吨标准煤）	民用汽车保有量（万辆）	研发经费投入（亿元）	环境污染治理投资（亿元）
2006	1	1	1	1	1	1	1
2007	1.158	1.178	1.005	1.077	1.143	1.245	1.320
2008	1.250	1.436	1.010	1.159	1.297	1.553	1.924

续表

年份	全国工业固体废物产生量（亿吨）	GDP 总量（亿元）	人口总数（亿人）	能源使用量（亿吨标准煤）	民用汽车保有量（万辆）	研发经费投入（亿元）	环境污染治理投资（亿元）
2009	1.342	1.601	1.015	1.260	1.528	1.846	2.049
2010	1.586	1.901	1.020	1.321	1.823	2.372	2.967
2011	2.138	2.252	1.025	1.414	2.122	2.926	2.772
2012	2.164	2.480	1.030	1.472	2.425	3.479	3.216
2013	2.151	2.716	1.035	1.524	2.756	3.770	3.521
2014	2.145	3.039	1.041	1.732	3.099	4.523	3.732
2015	2.138	3.231	1.045	1.748	3.456	4.832	3.432

第三步，计算差序列，以全国固体废物产生量为母序列，其他影响因素为子序列，计算差序列，并计算最大差和最小差，结果如表 7–11 所示。

表 7–11　工业固体废物产生量与影响因素差序列

年份	GDP 总量（亿元）	人口总数（亿人）	能源使用量（亿吨标准煤）	民用汽车保有量（万辆）	研发经费投入（亿元）	环境污染治理投资（亿元）
2006	0	0	0	0	0	0
2007	0.020	0.153	0.081	0.015	0.087	0.162
2008	0.186	0.240	0.091	0.047	0.303	0.674
2009	0.259	0.327	0.082	0.186	0.504	0.707
2010	0.315	0.566	0.265	0.237	0.786	1.381
2011	0.114	1.113	0.724	0.016	0.788	0.634
2012	0.316	1.134	0.692	0.261	1.315	1.052
2013	0.565	1.116	0.627	0.605	1.619	1.370
2014	0.894	1.104	0.413	0.954	2.378	1.587
2015	1.093	1.093	0.390	1.318	2.694	1.294

最大差为 2.694，最小差为 0。

第四步，计算全国工业固体废物产生量与各个影响因素的关联系数，取 λ = 0.5。计算结果如表 7–12 所示。

表 7-12　工业固体废物产生量与影响因素差关联系数

年份	GDP 总量（亿元）	人口总数（亿人）	能源使用量（亿吨标准煤）	民用汽车保有量（万辆）	研发经费投入（亿元）	环境污染治理投资（亿元）
2006	1	1	1	1	1	1
2007	0.985	0.898	0.943	0.989	0.939	0.893
2008	0.879	0.849	0.937	0.966	0.816	0.667
2009	0.839	0.805	0.943	0.879	0.728	0.656
2010	0.810	0.704	0.836	0.850	0.632	0.494
2011	0.922	0.548	0.650	0.988	0.631	0.680
2012	0.810	0.543	0.661	0.838	0.506	0.561
2013	0.704	0.547	0.682	0.690	0.454	0.496
2014	0.601	0.550	0.765	0.585	0.362	0.459
2015	0.552	0.552	0.775	0.505	0.333	0.510

第五步，计算工业固体废物产生量与各影响因素的关联度，如表 7-13 所示。

表 7-13　全国工业固体废物产生量与影响因素关联度

	GDP 总量（亿元）	人口总数（亿人）	能源使用量（亿吨标准煤）	民用汽车保有量（万辆）	研发经费投入（亿元）	环境污染治理投资（亿元）
全国工业固体废物产生量（亿吨）	0.810	0.699	0.819	0.829	0.640	0.645

从以上结果可以看出，影响我国工业固体废物产生量的因素，按照影响力大小分别为：民用汽车保有量、能源使用量、GDP 总量、人口总量、环境污染治理投资、研发经费投入。

民用汽车保有量是导致我国工业固体废物产生量的最大因素。我国现有民用汽车已经超过了 1.7 亿辆。民用汽车使用过程中会产生大量固体废物，比如零部件的更换产生的废物，整车报废产生的废物等。由于我国民用报废汽车处理设施不够先进，许多零部件使用效率不高，导致民用汽车使用过程中产生大量的工业固体废物，加上民用汽车生产过程中也会产生大量工业固体废物。所以要提升我国环境污染治理质量，减少工业固体废物产生，应该提高民用汽车生产水平和使用水平。

能源使用量对工业固体废物产生有非常大的影响。我国能源消费结构不够合理，煤炭占能源使用总量的比例过高，达到70%，煤炭使用过程中会产生大量工业固体废物，这是导致工业固体废物产生量增多的原因。

GDP总量对工业固体废物的产生影响显著。我国现在仍然处于经济中高速增长期，尽管经济增速略有下降，但是每年经济增长的绝对量却在增加。我国现在经济增长模式还没有完全摆脱粗放型的生产方式，在经济增长过程中能源使用量较大，导致的固体废物产生量也较大。

人口总量对于工业固体废物的产生也有重要影响。因为人口总量增加，加上人民对于更高物质生活水平的追求，会导致生活过程中产生大量的工业固体废物，比如塑料袋的大量使用就是一个例子。现在随着快递业的兴起，快递包装产生的固体废物成为工业废物的又一个来源。

研发经费投入增加可以导致新技术的产生，有利于减少工业固体废物的产生。环境污染治理投资有利于采用更加先进的设备和设施处理工业固体废物，有利于减少工业固体废物产生。

从上述废水影响因素和工业废物产生量的影响因素来看，有很大一部分是公众行为导致的环境污染。比如人口总量增加导致污染物增加，重要的原因是人们过度追求物质享受导致环境污染的产生。民用汽车保有量的产生也是导致污染增加的重要原因。这是公众行为的具体体现。能源使用量与公众的行为也是密切相关的。其他几个因素与公众行为间接相关。

这说明，公众如果能够积极投身到环境污染治理中，就会产生积极的效果。公众积极参与环境治理，一方面从自身做起，形成科学的生活习惯，减少垃圾的产生；另一方面可以积极投入到整个社会的环境治理过程中。这是公众参与的基础动力，因为每个公众的自身行为可以导致我国环境质量的极大提升。

三、空气质量影响因素灰色关联分析

下面根据灰色关联分析法的步骤，分析空气质量及其影响因素之间的关系。显然，空气质量可以表现雾霾污染的严重程度，所以通过对影响空气质量的影响因素的分析，可以为找出雾霾污染的影响因素提供依据。

第一步，列出空气质量及相关因素基础数据（见表7-14），分别以二氧化硫排放量和烟尘排放量为母序列，其他几个因素为子序列。列出这几个因素的原因是，这几个因素对废气排放量和烟尘排放量有较为显著的影响。并且人口因素、能源使用量与民众参与程度以及参与环境治理的质量密切相关。民用汽车保有量直接关系到民众参与环境保护的质量。因为根据国家相关部门的统计，汽车尾气是导致雾霾的重要原因，而能源使用过程中产生的废气排放也是导致环境质量下降的主要原因。此外，科研经费投入和环境污染治理投资对环境质量也有影响。所以这几个因素能够比较明显地反映出环境污染的影响因素，特别是公众参与在环境质量变化过程中的作用。运用灰色关联分析法，可以找出这几个因素与空气质量之间的内在联系，发现哪些因素对雾霾污染起到的作用更大，有利于采取更好的应对措施。

表 7–14　全国空气质量及相关影响因素基础数据

年份	全国二氧化硫排放量（万吨）	全国烟尘排放量（万吨）	GDP 总量（亿元）	人口总数（亿人）	能源使用量（亿吨标准煤）	民用汽车保有量（万辆）	研发经费投入（亿元）	环境污染治理投资（亿元）
2006	2588.8	1088.8	209407	13.145	24.6	4985	2943	2566.0
2007	2468.1	986.6	246619	13.213	26.5	5697	3664	3387.3
2008	2321.2	901.6	300670	13.280	28.5	6467	4570	4937.0
2009	2214.4	847.2	335353	13.347	31.0	7619	5433	5258.4
2010	2185.1	829.1	397983	13.410	32.5	9086	6980	7612.2
2011	2217.9	1278.8	471564	13.474	34.8	10578	8610	7114.0
2012	2117.6	1235.8	519322	13.540	36.2	12089	10240	8253.5
2013	2043.9	1278.1	568845	13.607	37.5	13741	11096	9037.2
2014	1974.4	1740.8	636463	13.678	42.6	15447	13312	9575.9
2015	1859.1	1538.0	676708	13.740	43.0	17228	14220	8806.3

资料来源：2006~2015 年《中华人民共和国国民经济和社会发展统计公报》。

第二步，对基础数据进行无量纲处理，以 2006 年数据为准，结果如表 7–15。

表 7–15　空气质量及影响因素无量纲数据

年份	全国二氧化硫排放量（万吨）	烟尘排放量（万吨）	GDP 总量（亿元）	人口总数（亿人）	能源使用量（亿吨标准煤）	民用汽车保有量（万辆）	研发经费投入（亿元）	环境污染治理投资（亿元）
2006	1	1	1	1	1	1	1	1
2007	0.953	0.906	1.178	1.005	1.077	1.143	1.245	1.320

续表

年份	全国二氧化硫排放量（万吨）	烟尘排放量（万吨）	GDP 总量（亿元）	人口总数（亿人）	能源使用量（亿吨标准煤）	民用汽车保有量（万辆）	研发经费投入（亿元）	环境污染治理投资（亿元）
2008	0.897	0.828	1.436	1.010	1.159	1.297	1.553	1.924
2009	0.855	0.778	1.601	1.015	1.260	1.528	1.846	2.049
2010	0.844	0.761	1.901	1.020	1.321	1.823	2.372	2.967
2011	0.857	1.175	2.252	1.025	1.414	2.122	2.926	2.772
2012	0.818	1.135	2.480	1.030	1.472	2.425	3.479	3.216
2013	0.789	1.174	2.716	1.035	1.524	2.756	3.770	3.521
2014	0.763	1.599	3.039	1.041	1.732	3.099	4.523	3.732
2015	0.718	1.412	3.231	1.045	1.748	3.456	4.832	3.432

第三步，计算差序列，并找出最大差和最小差。先以二氧化硫排放量为母序列，计算差序列，如表 7–16 所示。

表 7–16　二氧化硫排放量与影响因素差序列

年份	GDP 总量（亿元）	人口总数（亿人）	能源使用量（亿吨标准煤）	民用汽车保有量（万辆）	研发经费投入（亿元）	环境污染治理投资（亿元）
2006	0	0	0	0	0	0
2007	0.225	0.052	0.124	0.19	0.292	0.367
2008	0.539	0.113	0.262	0.4	0.656	1.027
2009	0.746	0.16	0.405	0.673	0.991	1.194
2010	1.057	0.176	0.264	0.979	1.528	2.123
2011	1.395	0.168	0.019	1.265	2.069	1.915
2012	1.662	0.212	0.654	1.607	2.661	2.398
2013	1.927	0.246	0.735	1.967	2.981	2.732
2014	2.276	0.278	0.969	2.336	3.76	2.969
2015	2.513	0.327	1.030	2.738	4.114	2.714

最大差为 4.114，最小差为 0。

再以烟尘排放量为母序列，计算差序列，如表 7–17 所示。

表 7-17 烟尘排放量与影响因素差序列

年份	GDP 总量（亿元）	人口总数（亿人）	能源使用量（亿吨标准煤）	民用汽车保有量（万辆）	研发经费投入（亿元）	环境污染治理投资（亿元）
2006	0	0	0	0	0	0
2007	0.272	0.099	0.171	0.237	0.339	0.414
2008	0.608	0.182	0.331	0.469	0.725	1.096
2009	0.823	0.237	0.482	0.750	1.068	1.271
2010	1.140	0.259	0.560	1.062	1.611	2.206
2011	1.077	0.15	0.239	0.947	1.751	1.597
2012	1.345	0.105	0.337	1.290	2.344	2.081
2013	1.542	0.139	0.350	1.582	2.596	2.347
2014	1.44	0.558	0.133	1.500	2.924	2.133
2015	1.819	0.367	0.336	2.044	3.420	2.020

最大差为 3.420，最小差为 0。

第四步，计算关联系数，先计算二氧化硫排放量与影响因素的关联系数，取 $\lambda = 0.5$。计算结果如表 7-18 所示。

表 7-18 二氧化硫排放量与影响因素关联系数

年份	GDP 总量（亿元）	人口总数（亿人）	能源使用量（亿吨标准煤）	民用汽车保有量（万辆）	研发经费投入（亿元）	环境污染治理投资（亿元）
2006	1	1	1	1	1	1
2007	0.901	0.975	0.943	0.915	0.876	0.849
2008	0.792	0.948	0.887	0.837	0.758	0.667
2009	0.734	0.928	0.835	0.753	0.675	0.633
2010	0.661	0.921	0.887	0.678	0.574	0.492
2011	0.596	0.924	0.991	0.619	0.499	0.518
2012	0.553	0.907	0.759	0.561	0.436	0.462
2013	0.516	0.893	0.737	0.511	0.408	0.430
2014	0.475	0.881	0.680	0.468	0.354	0.409
2015	0.450	0.863	0.666	0.429	0.333	0.431

再计算烟尘排放量与影响因素之间的关联系数，取 $\lambda = 0.5$。计算结果如表 7-19 所示。

表 7-19　烟尘排放量与影响因素关联系数

年份	GDP 总量（亿元）	人口总数（亿人）	能源使用量（亿吨标准煤）	民用汽车保有量（万辆）	研发经费投入（亿元）	环境污染治理投资（亿元）
2006	1	1	1	1	1	1
2007	0.863	0.945	0.909	0.878	0.835	0.805
2008	0.738	0.904	0.838	0.785	0.702	0.609
2009	0.675	0.878	0.780	0.695	0.616	0.574
2010	0.600	0.868	0.753	0.617	0.515	0.437
2011	0.614	0.919	0.877	0.644	0.494	0.517
2012	0.560	0.942	0.835	0.570	0.422	0.451
2013	0.526	0.925	0.830	0.519	0.397	0.421
2014	0.543	0.754	0.928	0.533	0.369	0.445
2015	0.845	0.823	0.836	0.456	0.333	0.458

第五步，计算关联度，如表 7-20、表 7-21 所示。

表 7-20　二氧化硫排放量与其影响因素关联度

	GDP 总量（亿元）	人口总数（亿人）	能源使用量（亿吨标准煤）	民用汽车保有量（万辆）	研发经费投入（亿元）	环境污染治理投资（亿元）
二氧化硫排放量（万吨）	0.668	0.924	0.839	0.677	0.591	0.589

表 7-21　烟尘排放量与其影响因素关联度

	GDP 总量（亿元）	人口总数（亿人）	能源使用量（亿吨标准煤）	民用汽车保有量（万辆）	研发经费投入（亿元）	环境污染治理投资（亿元）
烟尘排放量	0.696	0.896	0.859	0.670	0.568	0.572

第六步，关联度排序分析。

从以上分析可以看出，各个指标数值都大于 0.5，说明以上各个因素都对空气质量有显著影响。其中影响烟尘排放量和二氧化硫排放量的主要因素有人口总数、能源使用量和民用汽车保有量以及 GDP 总量。研发经费投入和环境污染治理投资对烟尘排放量和二氧化硫排放量也有重要的影响。

人口因素是影响中国空气质量的第一因素也是最重要因素。美国国家宇航局的科学家利用卫星对美国、欧洲、中国和印度的空气污染进行了观测，发现人口数量对空气质量方面有很强的影响。中国是世界上人口最多的国家，随着经济社会发展步伐加快，人民生活日益富裕。中国居民消费水平日益提高，消费方式逐渐多元化。但新的消费方式带来了更多的空气污染。

一是日益增多的烧烤模式，导致大量烟雾产生。越来越多居民喜爱烧烤这种餐饮方式。在带来美味的同时，也是一种娱乐形式。但烧烤过程中会产生大量有毒有害气体。因为露天烧烤使用的燃料多为木炭或焦炭，木炭的主要成分是碳元素，除此之外还有氢、氧、氮以及少量的其他元素。木炭燃烧的时候会释放大量的二氧化碳和煤烟煤灰，这些固体烟尘会形成空气颗粒物，污染环境。烧烤时不仅燃料会产生污染，食用油或者肉类在高温的状态下，一部分会变成气态的油雾，在空气中冷凝为小液滴，这些小液滴会与空气中的尘埃结合，形成空气颗粒物。除此之外，肉类以及其他食材在高温状态下，部分油脂肉渣以及调味品会滴落到燃料中，从而产生浓烟，这些浓烟中含有很多空气污染物，并将沉淀在烤箱中的炭灰也一同带到空气中。有专家对于夜市烧烤摊产生的 PM2.5 检测实验发现，烧烤时 PM2.5 的数值几乎比开烤之前翻倍。

二是人们的吃穿住行所消耗的物质直接或间接导致空气质量的下降。如人口多的地方汽车尾气排放增多，人们在对各种高档衣着的追求过程中，需要大量工业产品的支持，而工业产品生产过程中，有大量污染环境的物质产生。比如为了生产化妆品而出现的各种化工产品，为了粮食增产、食品更加美味可口而产生的各种化工产品的生产，都带来大量危害空气的物质产生。所以，中国作为发展中大国，不仅未来若干年要继续控制人口数量，还要倡导绿色科学可行的生产生活方式，这样才能为降低雾霾污染程度做出贡献。

影响空气质量的第二因素是能源消耗量。能源在开采过程中需要使用大量设备，这些设备经常释放出一些有毒有害物质。能源运输过程中由于各种原因导致的跑冒滴漏，不仅导致经济损失，而且漏下来的初级能源没有进行科学处理，严重污染环境。能源加工过程中要产生大量有毒有害物质。如煤炭气化过程中产生大量废水、废气、废渣，而石油加工过程中会释放更多有害物质，对空气质量有严重影响。同样，在一次能源利用过程中，产生大量的一氧化碳、二氧化碳、氮氧化合物、总悬浮颗粒物及多种芳烃化合物，这些有害物质对一些国家的城市造成了十分严重的污染，不仅导致对生态的破坏，而且损害人体健康。据不完全统计，欧盟每年由于空气污染造成的材料破坏、农作物和森林以及人体健康损失费用每年超出 100 亿美元。中国空气污染造成的损失每年达 120 亿元。要控制中国雾霾危害，必须采取科学的方式开采和加工能源，同时尽可能减少能源使用量。

三是民用汽车保有量。中国的汽车工业发展很快。汽车保有主要是民用汽车，这是造成有毒气体排放的重要原因。据统计资料可以发现，2006 年中国民用汽车保有量为 4985 万辆，2014 年民用汽车保有量为 15447 万辆。不到 10 年时间，汽车保有量增加了 2.1 倍。科学分析发现，汽车尾气中有上百种不同化合物，这其中污染物有固体悬浮微粒、一氧化碳、碳氢化合物、氮氧化合物、铅及硫氧化合物等。有统计资料显示，一辆轿车一年排出的有害废气比自身重量大 3 倍。汽车所消耗的能源巨大，汽车使用的汽油约占全球汽油消费量的 1/3。由此可见，要降低中国雾霾造成的损害，应该采取切实措施，减少民用汽车保有量，其中重要的是建立便利的公共交通出行系统，倡导绿色出行。同时尽可能使用新能源汽车，以减少汽油的使用。

四是 GDP 总量。很显然，随着中国经济社会发展水平的提高，中国经济总量也在大幅上升。从 2006 年的 20.9 万亿元上升到 2014 年的 63.6 万亿元，不到 10 年时间上升了 2 倍多。伴随中国的经济建设，必然出现有毒有害气体的产生。中国 GDP 总量越多，有毒有害气体产生量越大。我们应该做的是，在保持中国经济总量持续上升的过程中，努力提升经济增长的质量。当前乃至今后一个相当长的时期，应该贯彻绿色发展理念，实现资源节约型和环境友好型发展模式。为此，要加快结构转型升级步伐，淘汰高耗能、高污染的企业，多发展资源消耗少的高科技产业，发展第三产业。

研发经费投入对中国雾霾治理也有重要影响。研发经费投入的增加，可以使得中国能够研发更多的雾霾治理技术，直接减少有毒有害气体产生。更为重要的是，各行各业都增加研发经费投入，使得各行各业都能够运用更新更好的技术，从而在每个行业的发展过程中减少对空气的污染。这样，整个国家的空气质量水平会得到显著提高。

环境污染治理投资对雾霾污染程度有重要的影响。从上述指标可以看出，我国政府在环境污染治理方面的投资力度是非常大的。环境污染治理投资额度由2006年的2566.0亿元增加到2015年的8806.0亿元，10年间增长了2.43倍。由于环保投资的快速增加，可以采用更加先进的环保设备进行环境治理，可以有更多资金进行环境污染治理设施建设，如污水处理厂等的建设。也可以用更多资金加大环保宣传，增强人民的环保意识。通过增加环保投入，可以有更多资金引进国外先进的环境保护技术，比如汽车尾气的处理技术等，这样有利于空气质量进一步提升，有利于雾霾治理取得更好的效果。

综合以上雾霾污染的因素可以看出，公众行为对于我国雾霾污染的形成有直接影响。比如人口总数是雾霾污染最重要的原因，因为每个人每天都需要消费大量的物质资源，以维持自身生存，在消费过程中，不可避免会产生很多生活垃圾，以及影响空气质量的废气等物质。特别是在现代，人们追求更高品质的生活，所产生的垃圾更多。比如喜欢吃烧烤的人越多，所带来的有毒有害气体也就越多；喜欢野外自驾游的人越来越多，导致机动车尾气排放日益增多；快递业日益发达，导致快递品包装使用的塑料制品及其他制品越来越多。这些包装品在生产和使用以及使用后的销毁过程中会产生大量有毒有害气体。所以，在我国人口日益增长的情况下，公众的文明行为会对我国雾霾污染产生抑制作用，反之，公众的不文明行为则会加重我国雾霾污染的程度。提倡文明生活的习惯是公众参与雾霾治理的可行之道。

民用汽车保有量更加直接地反映出公众日常生活习惯对我国雾霾污染程度的影响。可以看出，我国民用汽车保有量从2006年的4985万辆增加到2015年的17228万辆，10年间增加了2.46倍。这一方面是我国人民生活水平提高的标志，另一方面也是雾霾污染的重要来源。现代科学研究已经证实，汽车尾气中含有数10种有毒有害气体，严重影响人们的健康。可以毫不夸张地说，汽车尾气排放已经成为我国雾霾形成的非常重要的原因。很显然，就民用汽车导致雾霾污染这个因素来说，公众参与雾霾治理有很大的空间。许多时候，公众是可以通过选择其他交通方式而减少车辆使用的。比如拼车，短途的步行或者骑自行车，以及乘坐公共交通工具等。只是因为许多人已经养成了方便的习惯，只要一出门就开车，不管路途多远。正是因为许多人过度使用车辆的行为，加大了我国雾霾污染治理的难度。从这个意义上来说，通过科学合理减少汽车使用，是公众参与雾霾治理的一种重要可行方式。

能源使用量也与公众的个人行为息息相关。首先，生活能源与公众直接相关。比如冬季北方取暖，很多地方还使用煤炭，这是导致冬季北方雾霾污染程度急剧上升的主要原因。其他不适应煤炭取暖的地方，多使用电能取暖，而电能绝大多数是煤炭发电而来的。从这个意义上来说，仅取暖这一项，就会导致能源使用量的增加。还有人们日常生活使用电能洗衣、做饭、照明、冷藏食品，使用电脑、电视等家用电器，都导致能源消费。其次，从工农业生产来说，也要使用大量能源。表面上看，生产使用的能源与公众是不相干的。比如钢铁、水泥、化工行业等都是能源使用大户，但归根结底，工农业生产使用的能源最终还是变成人们的消费品。从这样的意义上说，生产所使用的能源与公众的生活也是密切相关的。或者说，公众对于美好生活的不断追求是导致生产生活能源使用量日益攀升的原因，而能源消费过程中会产生大量有毒有害气体，这已经是人们的常识。所以，公众的行为对于能源消费也是有影响的，从而对于雾霾形成也是有影响的。

此外，GDP 总量增加，是人们追求更高水平生活的必然要求，GDP 总量增加的过程中，会产生很多有毒有害气体，也是一个不用证明的事实。

上述简要的分析表明，我国雾霾污染的产生有很大一部分是公众的行为导致的。所以公众参与雾霾治理有现实的条件。仅仅通过改变个人的行为方式，做一个节约、文明的公众，就可以为我国雾霾治理做出贡献。当然还有雾霾治理公众参与的其他方式，下文进行更加全面的分析。

第三节　江苏雾霾状况与影响因素灰色关联分析

本节以江苏这个全国经济发达省份为例，研究雾霾污染的影响因素。从整体上了解我国经济发达地区的雾霾污染状况及影响因素，从发达地区入手，找出影响我国雾霾污染的主要因素，有利于对全国经济欠发达地区的雾霾污染治理起到引领作用。以江苏二氧化硫排放量和烟尘排放量作为衡量中国雾霾程度的指标。

第一步，列出空气质量及相关因素基础数据（见表 7–22），分别以二氧化硫排放量和烟尘排放量为母序列，其他几个因素为子序列。由于数据选取的限制，江苏的数据只收集到 2014 年，但这并不影响分析的结果。

表 7–22　江苏空气质量及影响因素原始数据

年份	二氧化硫排放总量（万吨）	烟尘排放总量（万吨）	地区生产总值（亿元）	能源消费总量（万吨标准煤）	人口总量（万人）	民用车辆拥有量（万辆）	节能环保支出（亿元）
2006	130.38	42.97	21742.05	18742.19	7655.66	1032.41	23.41
2007	121.8	36.90	26018.48	20948.04	7723.13	1221.35	45.34
2008	113.03	33.46	30981.98	22232.23	7762.48	1349.11	95.18
2009	107.41	49.38	34457.30	23709.28	7810.27	1370.07	147.60
2010	105.05	48.64	41425.48	25773.70	7869.34	1381.88	139.89
2011	105.38	52.74	49110.27	27588.97	7898.80	1535.17	170.37
2012	99.2	44.32	54058.22	28849.84	7919.98	1604.18	193.83
2013	94.17	50.00	59753.37	29205.38	7939.49	1725.34	229.18
2014	90.47	76.37	65088.32	29863.03	7960.06	1782.19	237.78

资料来源：2006~2014 年《江苏统计年鉴》。

第二步，对基础数据进行无量纲处理，选取 2006 年数据为基数，其他年份数据除以 2006 年对应数据，处理结果如表 7–23 所示。

表 7–23　江苏空气质量及影响因素无量纲数据

年份	二氧化硫排放总量（万吨）	烟尘排放总量（万吨）	地区生产总值（亿元）	能源消费总量（亿吨标准煤）	人口总量（万人）	民用车辆拥有量（万辆）	节能环保支出（亿元）
2006	1	1	1	1	1	1	1
2007	0.934	0.859	1.197	1.118	1.009	1.183	1.937
2008	0.867	0.779	1.425	1.186	1.014	1.307	4.066
2009	0.824	1.149	1.585	1.265	1.020	1.327	6.305
2010	0.806	1.132	1.905	1.375	1.028	1.338	5.976
2011	0.808	1.227	2.259	1.472	1.032	1.487	7.278

续表

年份	二氧化硫排放总量（万吨）	烟尘排放总量（万吨）	地区生产总值（亿元）	能源消费总量（亿吨标准煤）	人口总量（万人）	民用车辆拥有量（万辆）	节能环保支出（亿元）
2012	0.761	1.031	2.486	1.539	1.035	1.554	8.280
2013	0.722	1.164	2.748	1.558	1.037	1.671	9.79
2014	0.694	1.777	2.994	1.593	1.040	1.726	10.157

第三步，计算差序列，并找出最大差和最小差。先以江苏省二氧化硫排放量为母序列，计算差序列，如表 7–24 所示。

表 7–24 江苏二氧化硫排放量与影响因素差序列

年份	地区生产总值（亿元）	能源消费总量（万吨标准煤）	人口总量（万人）	民用车辆拥有量（万辆）	节能环保支出（亿元）
2006	0	0	0	0	0
2007	0.263	0.184	0.075	0.249	1.003
2008	0.558	0.319	0.147	0.44	3.199
2009	0.761	0.441	0.196	0.503	5.481
2010	1.099	0.569	0.222	0.532	5.17
2011	1.451	0.664	0.224	0.679	6.47
2012	1.725	0.778	0.274	0.793	7.519
2013	2.026	0.836	0.315	0.949	9.068
2014	2.30	0.899	0.346	1.032	9.463

最大差为 9.463，最小差为 0。

再以江苏烟尘排放量为母序列，计算并序列，如表 7–25 所示。

表 7–25 江苏烟尘排放量与影响因素差序列

年份	地区生产总值（亿元）	能源消费总量（万吨标准煤）	人口总量（万人）	民用车辆拥有量（万辆）	节能环保支出（亿元）
2006	0	0	0	0	0
2007	0.338	0.259	0.15	0.324	1.078
2008	0.646	0.407	0.235	0.528	3.287
2009	0.436	0.116	0.129	0.178	5.156
2010	0.773	0.243	0.104	0.206	4.844

续表

年份	地区生产总值（亿元）	能源消费总量（万吨标准煤）	人口总量（万人）	民用车辆拥有量（万辆）	节能环保支出（亿元）
2011	1.032	0.245	0.195	0.26	6.051
2012	1.455	0.508	0.004	0.523	7.249
2013	1.584	0.394	0.127	0.507	8.326
2014	1.217	0.184	0.737	0.051	8.380

最大差为 8.380，最小差为 0。

第四步，计算关联系数，先计算二氧化硫排放量以及烟尘排放量与影响因素的关联系数，取 $\lambda=0.5$。计算结果分别如表 7–26、表 7–27 所示。

表 7–26 江苏二氧化硫排放量与影响因素关联系数

年份	地区生产总值（亿元）	能源消费总量（万吨标准煤）	人口总量（万人）	民用车辆拥有量（万辆）	节能环保支出（亿元）
2006	1	1	1	1	1
2007	0.947	0.963	0.984	0.950	0.825
2008	0.895	0.937	0.970	0.915	0.597
2009	0.861	0.915	0.960	0.904	0.463
2010	0.812	0.893	0.955	0.899	0.478
2011	0.765	0.877	0.955	0.875	0.422
2012	0.733	0.859	0.945	0.856	0.386
2013	0.700	0.850	0.938	0.833	0.342
2014	0.673	0.840	0.932	0.821	0.333

表 7–27 江苏烟尘排放量与影响因素的关联系数

年份	地区生产总值（亿元）	能源消费总量（万吨标准煤）	人口总量（万人）	民用车辆拥有量（万辆）	节能环保支出（亿元）
2006	1	1	1	1	1
2007	0.925	0.942	0.965	0.928	0.795
2008	0.866	0.911	0.947	0.888	0.560
2009	0.906	0.973	0.970	0.959	0.448
2010	0.844	0.945	0.976	0.953	0.464

续表

年份	地区生产总值（亿元）	能源消费总量（万吨标准煤）	人口总量（万人）	民用车辆拥有量（万辆）	节能环保支出（亿元）
2011	0.802	0.944	0.956	0.942	0.409
2012	0.742	0.892	0.999	0.889	0.366
2013	0.726	0.914	0.971	0.892	0.335
2014	0.775	0.958	0.850	0.988	0.333

第五步，计算关联度，先计算江苏二氧化硫排放量与影响因素之间的关联度，如 7–28 所示。

表 7–28 江苏二氧化硫排放量与影响因素关联度

	地区生产总值（亿元）	能源消费总量（万吨标准煤）	人口总量（万人）	民用车辆拥有量（万辆）	节能环保支出（亿元）
二氧化硫排放量	0.821	0.904	0.960	0.895	0.538

再计算烟尘排放量与其影响因素之间的关联度，如表 7–29 所示。

表 7–29 江苏烟尘排放量与影响因素关联度

	地区生产总值（亿元）	能源消费总量（万吨标准煤）	人口总量（万人）	民用车辆拥有量（万辆）	节能环保支出（亿元）
烟尘排放量（万吨）	0.843	0.942	0.959	0.938	0.523

由上述研究结果可知，影响江苏二氧化硫和烟尘排放量的因素，按照影响程度由高到低顺序依次为人口总量、能源使用量、汽车保有量、地区生产总值、节能环保支出。

可见江苏雾霾污染情况与全国雾霾污染状况有很强的相似性。对于江苏而言，要降低雾霾污染程度，应该将重点放到几个方面：

一是控制人口总量，提升人口素质，在提升生活品质的同时，降低资源浪费，减少环境污染；

二是要采取科学有效的措施，减少能源消费；

三是要倡导绿色可行方式，减少汽车保有量；

四是在提升地区生产总值的同时，重点放在提升经济发展质量上；

五是继续加大节能环保投入，通过节能环保投入的持续增加，让更多新技术得以产生并运用到经济社会发展过程中，从而有效提升空气质量。

第四节　中国雾霾污染目前采取的措施

根据国家环境状况统计公报数据，可以看出在国家层面这几年制定了一系列关于雾霾污染治理的制度。2013 年推进实施《重点区域空气污染防治“十二五”规划》，出台《关于加强重污染天气应急管理工作的指导意见》，印发《关于执行空气污染物特别排放限值的公告》、《城市空气重污染应急预案编制指南》。印发实施《机动车环保检验管理规定》等规范性文件，2013 年 1 月开始实施国家第五阶段气体燃料点燃式发动机与汽车排放标准。在全国重点地区开展空气污染防治专项检查。发布实施《清洁空气研究计划》。

2014 年环保部提出了雾霾治理的措施：一是认真周密筹划，分期分批实施；二是积极筹措资金，加强能力建设；三是强化调度督查，保障实施进度；四是完善技术体系，确保数据准确；五是创新信息发布，强化舆论引导。

除了国家层面的相应措施以外，有些省份也从地方情况出发，制定了相应的规范性文件。以江苏为例，近几年来就针对环境污染的问题，制定了一系列相应文件。

2015 年，全国各地党委、政府严格落实空气质量改善目标责任制，建立“以周保月、以月保年”的工作机制。落实《中国省煤炭消费总量控制和目标责任管理实施方案》，积极推进煤炭清洁利用。在机动车船污染防治方面，基本建成省、市两级机动车排气污染监管平台。2015 年，全国深入实施《空气污染防治行动计划》。《中共中央关于制定国民经济和社会发展第十三个五年规划的建议》提出实行最严格的环境保护制度，而《关于加快推进生态文明建设的意见》和《生态文明体制改革总体方案》则确定了深化生态文明改革的战略部署和制度架构。

（一）政策法规方面

许多地方政府在雾霾治理方面制定了地方性法律法规。江苏省人大先后颁布《江苏省空气污染防治条例》、《绿色建筑发展条例》、《机动车排气污染防治条例》，组织开展《江苏省空气颗粒物污染防治管理办法》、《江苏省南水北调东线工程沿线区域水污染防治管理办法》等立法工作。省政府先后颁布《中国省空气颗粒物污染防治管理办法》、《江苏省空气污染防治行动计划实施方案》、《关于加快推进秸秆综合利用若干政策措施》，建立秸秆利用考核机制。省政府制订《江苏省油气回收综合治理工作方案》，全面部署开展加油站、油库和油罐车的油气回收工作。开展餐饮油烟集中整治，积极研究化工园区挥发性有机物污染防治。研究制定《关于开展挥发性有机物污染防治工作的指导意见》。全面启动“南京及周边地区空气复合污染现状调查与成因分析”等研究。2010 年，启动蓝天工程建设。省政府出台《关于实施蓝天工程改善空气环境的意见》和《江苏省蓝天工程职责分工和任务分解方案》。

（二）宣传教育方面

江苏省徐州市等 11 个市、县（市）被中国省环委会命名为环境宣教现代化建设第二批试点合格单位。出台《关于加强全民环境宣传教育工作的意见》和《中国省环保厅新闻管理办法》。“环保四进”工作稳步推进，取得了突出成效。

（三）信息化平台建设方面

江苏建成全省省—市环保广域专网及视频会议系统，完成省—市—县环保 VPN 网络及电子公文远程传输系统扩建，创建高效的交流平台和协同工作环境。按照省政府行政权力在阳光下运行的工作要求，启动环保行政权力网上公开透明运行信息系统建设，完成系统建设总体方案及技术实现方案编制。“中国环保”网站全新改版，强化政府信息公开，加强网上办事与投诉监督功能建设，重点打造一批特色栏目。

本章小结

本章阐述了我国雾霾污染的现状，并且运用灰色关联分析法对我国雾霾污染的影响因素进行了分析。分析的结果可以看出，雾霾污染的几个因素中，人口因素、经济因素、民用车保有量、能源消耗量等因素都与公众的个人行为密切相关。所以，雾霾治理需要取得成效，需要发挥公众的力量，与政府力量、社会力量相互结合，这样才能取得雾霾治理的明显成效。本章研究为下文提出公众参与雾霾治理提供了基础。

第八章　雾霾污染的公众参与现状分析

第一节　雾霾污染的公众参与必要性和可能性

一、雾霾治理公众参与的必要性

从上一章分析可以看出，雾霾影响因素很多都与公众的个人行为有关，所以，雾霾治理必须吸引广大公众的积极参与，雾霾治理过程中，公众参与有很大的必要性。

（一）雾霾天气导致的危害非常严重

雾霾是一个复合词，从气象学的观点来说，雾和霾是不同的两种天气现象。空气中能见度受细微的干尘粒等影响小于 10 千米时称为霾，而受到水汽和尘粒形成的云雾滴影响小于 1 千米时称为雾。王强和胡伟等的研究结果表明，雾霾能够损伤人的呼吸系统，尤其对儿童来说，雾霾所带来的健康损害更加严重。有学者对于雾霾污染的严重程度进行了较为科学的研究，取得了一系列研究成果。

研究表明，雾霾程度较重期间居民患病概率明显高于平常时期。以上海为例，2009 年上海市霾污染造成的健康危害经济损失为 72.48 亿元，占上海市全市当年 GDP 的 0.49%，由此表明，上海市霾污染水平对居民健康危害及其经济损失较大（赵文昌，2012）。还有学者研究表明，雾霾会引起太阳放射的散射和吸收，从而改变太阳放射的地面到达量，引起气候变化。而水溶性雾霾所导致的云层对太阳放射的反射率增加，导致太阳放射向地面的透过率减少，能够引发地球冷却化。雾霾还会对空气循环和水循环产生不利影响（布和，2016）。

雾霾对人体健康也有严重危害。雾霾能够传播和激活各类病菌，其中含有的最明显的致癌物有二噁英类，镉、铅、水银类等。1952 年发生的伦敦化学雾污染，就是因为空气中排放的硫酸粒子、煤烟等造成的高浓度污染，导致大量高龄老人和肺病患者死亡。雾霾天气对妊娠期女性及其体内胎儿的身体健康也会产生严重的危害（窦红哲，2016）。对于旅游者来说，雾霾会危害旅游者的身体健康，破坏旅游情绪，也会损害旅游拍照的照片品质，同时会降低景点的吸引力和可游性。此外，雾霾天气影响心理健康。专家指出，持续大雾天对人的心理和身体都有影响，从心理上说，大雾天会给人造成沉闷、压抑的感受，会刺激或者加剧心理抑郁的状态。此外，由于雾天光线较弱及导致的低气压，有些人在雾天会产生精神懒散、情绪低落的现象。雾霾天气也影响交通安全。出现霾天气时，视野能见度低，空气质量差，容易引起交通阻塞，发生交通事故。

正因为雾霾天气所导致的危害十分严重，所以吸引社会公众参与治理雾霾污染，对促进经济社会发展，保证人民身心健康十分必要。

（二）中国建设全面小康社会的需要

党的十六大提出全面建设小康社会的奋斗目标。这一目标包括政治、经济、文化等方面。党的十八大在这一基础上提出五大建设任务，包括经济建设、政治建设、文化建设、社会建设、生态文明建设。马凯在《求是》撰文中指出，深入理解和准确把握生态文明的内涵，是推进生态文明建设的重要前提。生态文明的核心问题是正确处理人与自然的关系。

生态文明所强调的就是要处理好人与自然的关系，获取有度，既要利用又要保护，促进经济发展、人口、资源、环境的动态平衡，不断提升人与自然和谐相处的文明程度。建设生态文明，要求人们自觉地与自然界和谐相处，形成人类社会可持续的生存和发展方式。

我们党所追求的生态文明，是按照科学发展观的要求，走出一条低投入、低消耗、少排放、高产出、能循环、可持续的新型工业化道路，形成节约资源和保护环境的空间格局、产业结构、生产方式和生活方式。

很显然，雾霾天气的产生，与中国提倡的生态文明建设的目标背道而驰。雾霾天气的形成和扩展，会影响中国全面小康目标的实现。所以，要实现中国生态文明建设目标，保证全面小康社会的顺利建成，必须把雾霾治理作为长期的战略任务。这个过程必须吸收社会公众的智慧，动员广大的社会公众积极参与，才能取得应有的成果。

（三）人民对美好生活的期待

经过几十年的高速发展，中国居民的物质生活水平得到极大提高。全国居民2015年人均可支配收入达到21966元，而1985年人均可支配收入为739元，30年间增长了近30倍。但由于近年来环境污染事件经常出现，有些地方空气质量长期保持在低水平，严重降低了人民群众的幸福感。比如，根据江苏省近几年环境状况统计公报，江苏省作为发达省份，从2012年起连续4年，江苏省没有一个市空气质量达到国家二级标准。显然，人民群众对幸福生活的追求，要求我们既要有丰富的物质财富支持，也要有舒适的环境支撑。缺少良好的环境，物质财富不能起到应有的作用。

习近平总书记说，我们的人民热爱生活，期盼有更好的教育、更稳定的工作、更满意的收入、更可靠的社会保障、更高水平的医疗卫生服务、更舒适的居住条件、更优美的环境，期盼着孩子们能成长得更好、工作得更好、生活得更好。人民对美好生活的向往，就是我们的奋斗目标。其中，更优美的环境包含更加清洁的空气，这已经成为许多中国民众的心头之痛。近几年来，原来仅仅出现在大城市、北方地区的雾霾天气，扩展到越来越多的地区，频次越来越高。说明人民群众对空气质量的满意度还处在很低水平。这样的空气质量显然与人民群众心目中的优美环境有很大差距。

所以，要顺应人民对美好生活的新期待，必须重视雾霾污染的治理，从而给人民群众创造一个舒适的生活环境，这是我们当前面临的迫切课题。这个课题需要广大公众的积极参与，才能取得人民群众期望的成就。

（四）国际环境的影响

现在放眼世界，所有国家的人都认识到，世界只有一个地球。全人类已经形成命运共同体。比如温室气体导致的全球气温上升，使得每个国家都不能置身事外。一个国家的环境污染会向外扩散，给邻近国家带来不利影响，有时甚至引发国家关系紧张。比如2015年，马来西亚火耕引起的烟霾跨境到新加坡，给新加坡旅游业带来严重影响。新加坡政府据此制定了相应的法律，并对马来西亚政府提出严重抗议。所以，从国家形势的发展趋势看，各个国家治理本国环境污染，不仅能够造福本国人民，也是对全球环境向好的一种贡献。中国作为全球二氧化碳排放量最高的国家之一，作为全世界人口最多的国家，必须治理好自己的环境污染，尤其对本国的雾霾治理要付出更多的努力。这样既有利于本国人民，也是对世界环境的重要贡献。所以，必须动员广大社会公众积极参与雾霾治理的实践。

二、雾霾治理公众参与的可行性

当前各国都意识到雾霾治理非常必要。对于治理雾霾公众参与的必要性在一定程度上已经达成共识，但还没有达到理想的期望值。雾霾治理的公众参与另一个要考虑的问题是雾霾治理公众参与的可能性，即当前的各种条件能够保证公众参与雾霾治理取得应有的成效。

（一）有充分的财力支撑

根据《中华人民共和国国民经济和社会发展统计公报》，2016 全年国内生产总值 74.4 万亿元，比 1998 年的 8.49 万亿元增长了 7.76 倍，见表 8–1、图 8–1。经过多年发展，中国已经成为全球第二大经济体。经济实力的显著增强，为我国进行雾霾治理提供充足的经济保障。国家可以拿出更多的资金，为公众参与雾霾治理提供更多渠道和保障。

表 8–1　中国历年 GDP 总量

年份	GDP 总量（万亿元）	年份	GDP 总量（万亿元）
1998	8.49	2008	31.68
1999	9.02	2009	34.56
2000	9.89	2010	40.89
2001	11.03	2011	48.41
2002	12.10	2012	53.41
2003	13.66	2013	58.80
2004	16.07	2014	63.61
2005	18.59	2015	67.67
2006	21.77	2016	74.45
2007	26.80		

资料来源：1998~2016 年《中华人民共和国国民经济和社会发展统计公报》。

由表 8–2 可以看出，我国的财政收入从 2001 年的 1.64 万亿元上升到 2016 年的 15.96 万亿元，16 年增长了 8.73 倍（见图 8–2）。正是因为我国财政经费的大幅上升，给我国环境治理提供了充足的财源。我国历年环境保护投资也呈现大

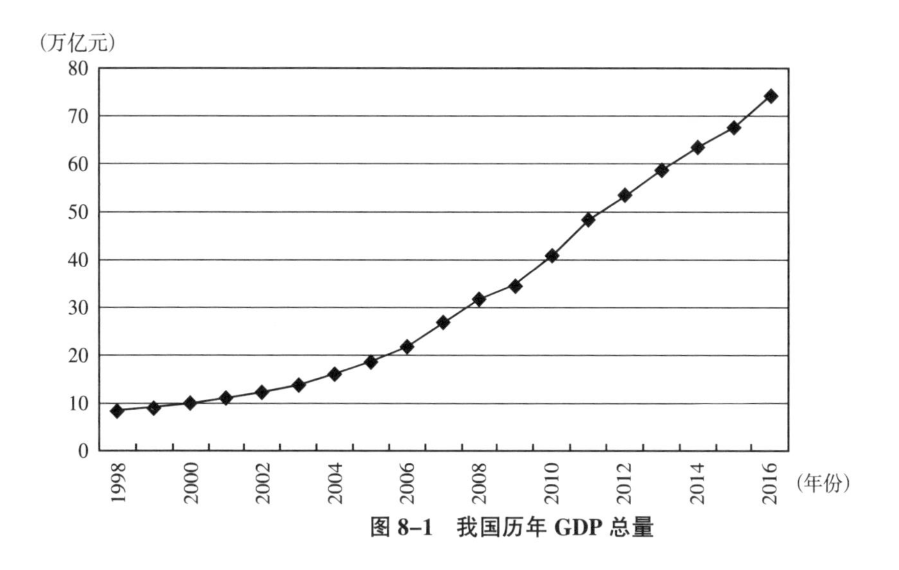

图 8–1　我国历年 GDP 总量

表 8–2　我国历年财政收入

年份	财政收入（万亿元）	年份	财政收入（万亿元）
2001	1.64	2009	6.85
2002	1.89	2010	8.31
2003	2.17	2011	10.37
2004	2.64	2012	11.72
2005	3.16	2013	12.91
2006	3.88	2014	14.04
2007	5.13	2015	15.22
2008	6.13	2016	15.96

幅增长势头，具体的数据前文已经阐述。

由表 8–3、图 8–3 可以看出，随着我国经济实力不断提升，用于科学研究的支出大幅增加。从 2001 年的 1042.49 亿元上升到 2016 年的 15500.00 亿元，上升了 13.87 倍。正是有了充足的科研经费投入，我国环境保护方面的技术水平才得以大幅提升，有力地促进我国环境污染治理工作的开展，当然也有利于我国雾霾治理质量稳步提升。我国环境保护技术的提升，也有利于社会公众在参与雾霾治理的过程中，采取更加先进的技术，采取更加便利的方式，从而有利于提升我国雾霾治理的效果。

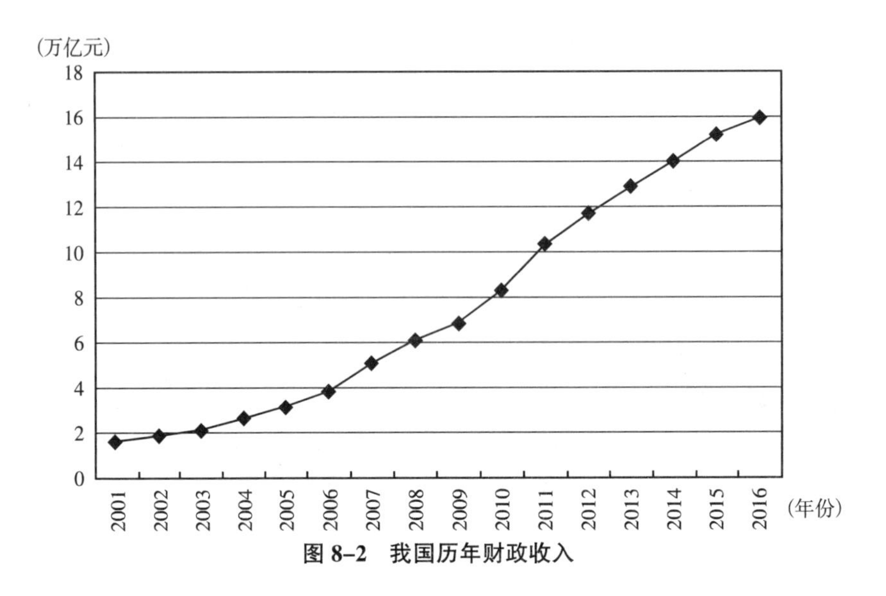

图 8-2　我国历年财政收入

表 8-3　我国研究与发展经费支出

年份	研究与发展经费支出（亿元）	年份	研究与发展经费支出（亿元）
2001	1042.49	2009	5802.11
2002	1287.64	2010	7063.00
2003	1539.63	2011	8687.00
2004	1966.33	2012	10298.41
2005	2449.97	2013	11846.60
2006	3003.10	2014	13015.63
2007	3710.24	2015	14170.00
2008	4616.02	2016	15500.00

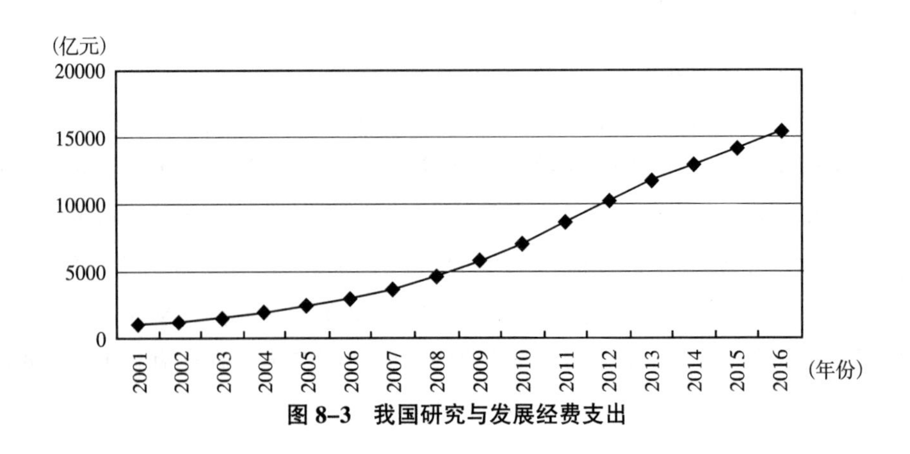

图 8-3　我国研究与发展经费支出

可以看出，中国的经济实力、科技和环保支出都大幅度增加。充足的财政收入，使得我们国家可以将更多的财力投入到雾霾治理和科技研发展中，能够在进一步提升政府和社会层面治理雾霾污染成效的同时，为社会公众参与雾霾污染的治理提供更加便利的条件，从而保证雾霾治理取得好的效果。

（二）法律和制度保障

目前，中国环境质量的改善已经上升到国家层面，空气污染的重视程度也今非昔比。比如将原来的国家环保总局升格为环境保护部，表明机构设置方面的重要性已经体现出来。各地环境保护管理部门实行垂直领导，以最大限度保证环保执法的独立性，避免受到地方政府牵制。

制度方面，国家推行了环保督查制度。同时制定了一系列相关的制度，一是控制重点行业污染和扬尘治理。强化各类烟粉尘污染物治理，推进未淘汰设备除尘设施升级改造，确保颗粒物排放达到新标准的特别排放限值要求，加快重点企业脱硫、脱硝设施建设。二是发展绿色交通，加强机动车尾气排放治理，大力发展城市公交系统和城际间轨道交通系统，鼓励绿色出行，积极推广电动公交车和出租车，大力发展电能、太阳能等新能源汽车，鼓励燃油车辆加装压缩天然气，促进天然气等清洁能源作为汽车动力燃料，为汽车安装净化装置，实现汽车尾气催化净化。

政府层面的法律和制度规定，增强了全社会的环境保护意识，具有权威性，也提升了公众参与环境保护的积极性。特别是环境保护部颁布的《公众参与环境保护办法》更是直接规范了公众参与环境保护的渠道和方式，对于提升公众参与环境保护，包括雾霾污染治理的积极性大有帮助。

（三）全世界合作机制保障

国际合作方面，联合国气候大会所形成的文件《联合国气候变化框架公约》起到典范作用。该公约于 1992 年 5 月 22 日在联合国政府间谈判委员会会议上达成，于 1992 年 6 月 4 日在巴西里约热内卢举行的联合国环境与发展大会上正式通过。公约于 1994 年 3 月 21 日正式生效。到 2004 年 5 月，公约缔约方已经达到 189 个，充分表明其广泛性。

《联合国气候变化框架公约》是世界上第一个为全面控制二氧化碳等温室气体排放为主的公约。这份公约的签订，表明全球各国都已经认识到气候变化对人类的危害。在以后的历年气候变化大会中，根据国际气候变化的实际情况，这份公约的内容得以不断修订。这份公约中虽然没有直接重点提及如何治理全球雾霾污染，但历次会议期间，各国会分享治理空气污染的经验。比如 2015 年巴黎气候大会期间，中国政府与各国分享雾霾治理经验。2015 年通过的《巴黎协定》具有里程碑意义。这份协定凝聚各方共识，将原来承诺的将全球平均气温增幅低于 2 度的目标，向全球气温升幅控制在 1.5 度以内努力。《巴黎协定》还将全球气候治理的理念进一步确定为低碳绿色发展。这一理念实际上是倡导改变原来的以化石能源消耗为主的生产方式，代之以低碳绿色经济发展模式。很显然，这种新的绿色发展模式将减少化石能源的使用，而传统化石能源生产和消耗会产生大量有毒有害气体。所以这个公约的签订对于全球雾霾治理将产生积极作用。中国作为《巴黎协定》的主要发起国，将严格遵守《巴黎协定》的规定。这样来自于全球合作的空气污染治理模式，为中国雾霾治理提供了非常高的可行性。

此外，各种相关的国际论坛上也多涉及全球空气污染治理问题。如博鳌亚洲论坛 2016 年年会的“全球气候治理的新格局”分论坛上，中国代表就提出，解决雾霾的空气污染措施能够有效帮助减少二氧化碳的排放。同时中国目前已经和美国、欧盟有很多这方面的合作。这些都为空气污染治理提供科学性和可行性。当然这些做法也有利于我国社会公众积极参与到雾霾治理的实践中。

（四）发达地区先进成功的经验借鉴

美国、英国等发达国家在多年发展过程中也遭受到严重的雾霾污染，甚至发生了严重的事件。1952 年伦敦的毒雾事件，1943 年的洛杉矶光化学烟雾事件就是其中的典型。此后，英国政府、美国政府痛定思痛，下决心治理空气污染。发达国家通过制定严格法律；科学规划，倡导绿色发展模式；严格控制污染排放量；建立上下联动，全国统一的雾霾治理体系；创新雾霾治理的技术；动员公众的广泛参与等方式进行综合治理。这种治理成效显著。很显然，中国的国情与发达国家不同，中国所处的发展阶段与发达国家也有很大差异。但可以借鉴发达国家治理雾霾中的科学措施，再结合中国的实际情况进行针对性的治理，就可以保证中国雾霾治理的质量。所以从这方面来说，发达国家雾霾治理的经验为中国雾霾治理提供了更大的可行性，也为公众参与雾霾治理提供了有益的经验借鉴。

第二节 政府引导雾霾治理公众参与的措施

目前，我国政府在制定引导公众参与雾霾治理的措施方面，还没有形成完整的体系。目前只有一些宽泛性的规定，主要是环保部通过的《环境保护公众参与办法（试行）》（以下简称《办法》），这是环保部首个统领性的环境保护公众参与的办法，也是新《环保法》配套文件之一。《办法》规定，公众可以在六个方面参与环境保护，其中包括制定或修改环境保护法律法规及规范性文件、政策、规划和标准；编制规划或建设项目环境影响报告书；对可能严重损害公众环境权益或健康权益的重大环境污染和生态破坏时间的调查处理等。

除此之外，少数地方政府也制定了相关的条例。比如 2015 年初，中国第一个环境保护公众参与的地方性法律《河北省环境保护公众参与条例》出台。这个条例是参照环保部的《办法》，结合河北省的特点而起草的地方文件。

总体上看，政府对于雾霾治理的引导还处于初级阶段，对于雾霾治理的公众参与方面的保障措施不够。在雾霾治理的公众参与的权利保障、渠道保障，公民参与雾霾治理的能力提升方面的措施都比较少。对于公众而言，雾霾治理参与过程中组织性和主动性较弱，盲目性较强。

本章小结

本章对于雾霾治理的公众参与现状进行了分析。首先阐述了我国雾霾治理的必要性和可行性；其次阐述了政府在引导雾霾治理的公众参与方面的做法，并总结了我国雾霾治理公众参与方面的不足。

第九章　雾霾治理的公众参与的动力机制

要提升公众参与雾霾治理的积极性，从而提升雾霾治理的效果，需要解决的一个问题是，社会公众参与雾霾治理的动力来源问题。只有解决动力来源问题，才能充分调动公众参与雾霾治理的积极性，吸引更多社会公众主动参与到雾霾治理的实践中，也才能使得雾霾治理产生期望的效果。本章重点探讨雾霾治理的动力机制。

第一节　公众参与的推力机制

一、公众对于优质环境质量需求的提高

美国心理学家亚伯拉罕·马斯洛在1943年出版的《人类激励理论》著作中提出了著名的需求层次理论。根据他的理论，人类的需要从低到高分别是生理需求、安全需求、社交需求、尊重需求和自我实现需求。第一层次是生理需求，指满足人们基本生理需求的需要，包括水、食物、睡眠、性等方面需求。第二层次是安全需求，指人们对于安全方面的渴望，包括人身安全、健康安全、财产安全、道德保障、工作职位保障、家庭安全等方面。第三层次是社交需求，指人们需要得到相互之间的照顾和建立良好社会关系的需要。第四层次是尊重需求，包括内部尊重和外部尊重。内部尊重指一个人希望在各种不同情境中有实力、充满信心，独立；外部尊重是一个人希望得到别人和社会的肯定、尊重、信赖和高度评价。第五层次是自我实现的需求，指实现个人的理想、抱负，能够发挥个人的

能力到最大程度，达到自我实现的境界。

人的需求从低层次开始，当某一层次的需求达到满足时，这一层次的需求就不再成为主导需求，不产生较大激励作用。人们将高一层次需求作为追求目标，高一层次的需求是占主导地位的需要，对人们的行为产生主要的激励作用。

中华人民共和国刚成立时，物质财富匮乏，如何极大提高我国物质财富，解决人们温饱问题成为那时我国政府和民众最为关注的课题。为此我国政府和民众进行多年不懈努力。经过多年努力，我国物质财富总量增加，特别是中华人民共和国成立以来，人们物质水平提高速度更加明显。以下几个数据可以充分说明我国物质财富的变化情况。

人均可支配收入。由表 9-1、图 9-1 可以看出，21 世纪以来，我国居民人均收入有了很大增长。农村居民人均纯收入由 2001 年的 2366 元上升到 2016 年的 12363 元，上升了 423%，城镇居民人均可支配收入从 2001 年的 6860 元上升到 2016 年的 33616 元，上升了 390%。城乡居民收入的持续增加，表明我国社会公众物质财富人均占有量持续增长，从马斯洛需求层次理论来说，生理需要得到极大满足。

表 9-1　全国城乡居民人均收入

单位：元

年份	农村居民人均纯收入	城镇居民人均可支配收入	年份	农村居民人均纯收入	城镇居民人均可支配收入
2001	2366	6860	2009	5153	17175
2002	2476	7703	2010	5919	19019
2003	2622	8472	2011	6977	21810
2004	2936	9422	2012	7917	24565
2005	3255	10493	2013	8896	26955
2006	3587	11759	2014	9892	28844
2007	4140	13786	2015	10772	31195
2008	4761	15781	2016	12363	33616

资料来源：2001~2016 年《中华人民共和国国民经济和社会发展统计公报》。

从表 9-2 可以看出，21 世纪以来，我国居民车辆保有量大幅增加。民用汽车保有量从 2001 年的 1802 万辆增加到的 2016 年的 19440 万辆，增加了 978%。民用汽车保有量的大幅增加充分说明我国居民从物质上来说更加富有，生理方面求要得以极大满足。图 9-2 更清晰地显示出 21 世纪以来我国民用汽车保有量的增加。

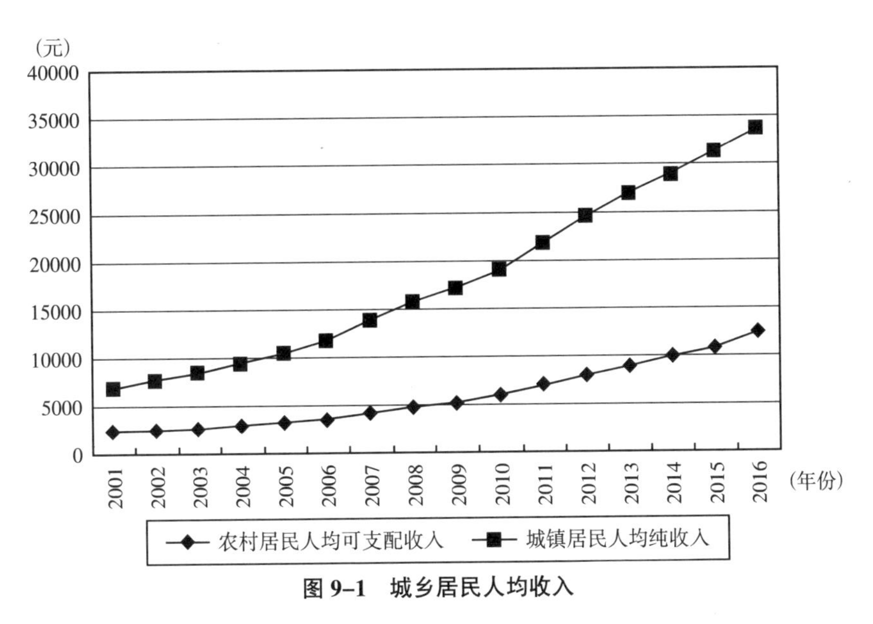

图 9-1 城乡居民人均收入

表 9-2 全国民用汽车保有量

年份	全国民用汽车保有量（万辆）	年份	全国民用汽车保有量（万辆）
2001	1802	2009	7619
2002	2053	2010	9086
2003	2383	2011	10578
2004	2742	2012	12089
2005	4329	2013	13741
2006	4985	2014	15447
2007	5697	2015	17228
2008	6467	2016	19440

资料来源：2001~2016 年《中华人民共和国国民经济和社会发展统计公报》。

从表 9-3 中可以看出，从 2001 年开始，我国社会消费品零售总额增长迅猛。从 2001 年的 37595 亿元增长到 2016 年的 332316 亿元（见图 9-3），增长了 784%。社会消费品零售总额的增长，表明我国居民物质消费水平迅速提高，物质满足感得到很大提升。

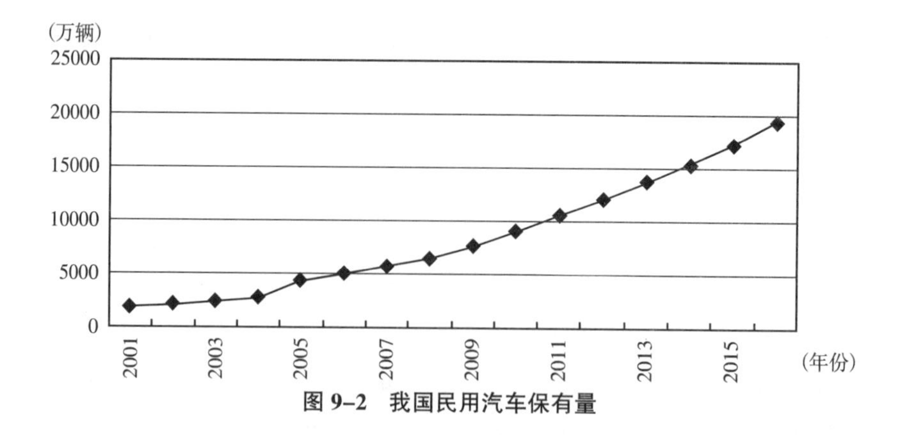

图 9-2　我国民用汽车保有量

表 9-3　全国消费品零售总额

年份	全国消费品零售总额（亿元）	年份	全国消费品零售总额（亿元）
2001	37595	2009	125343
2002	40911	2010	156998
2003	45842	2011	183919
2004	53950	2012	210307
2005	67177	2013	237810
2006	76410	2014	271896
2007	89210	2015	300931
2008	108488	2016	332316

资料来源：2001~2016 年《中华人民共和国国民经济和社会发展统计公报》。

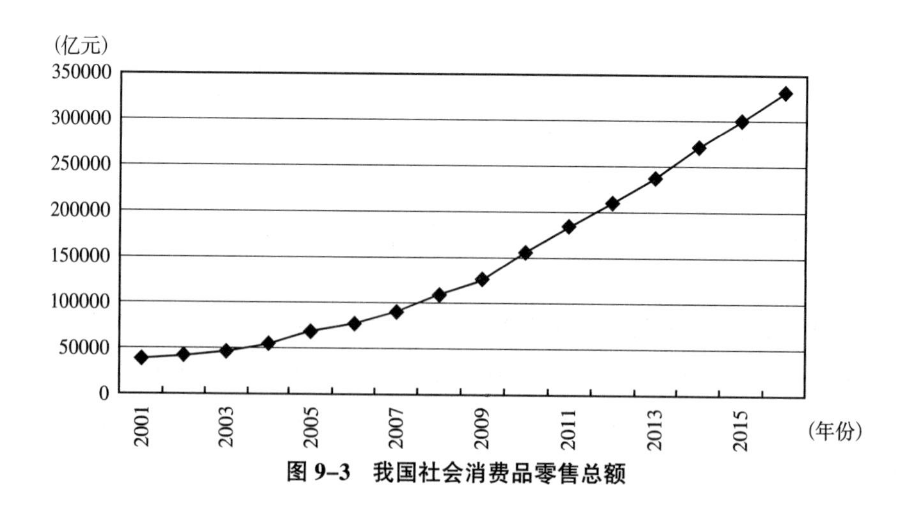

图 9-3　我国社会消费品零售总额

从上面数据可以看出，我国居民的物质财富已经大幅增加，马斯洛需求层次理论的第一层次需求即生理需求基本满足。根据马斯洛需求层次理论，安全需求在我国经济社会发展中将占有更加重要的地位。食品安全、人身安全、健康保障、环境质量已经成为居民最关注的热点问题。环境质量直接影响居民的生活质量。尽管我国政府非常重视环境保护，在环境保护方面投入大量的人力物力财力，但是不可否认，现有环境质量离公众的需求还有很大的距离。近几年，不断出现的环境问题，更加使得社会公众对环境的需求提升到前所未有的高度。

2008 年 9 月 8 日，山西省临汾市襄汾县新塔矿业有限公司尾矿库发生特别重大溃坝事故，造成 277 人死亡、4 人失踪、33 人受伤，直接经济损失 9619 万元。2010 年 7 月 3 日下午，福建省紫金矿业集团有限公司铜矿湿法厂发生铜酸水渗漏事故，9100 立方米的污水顺着排洪涵洞流入汀江，导致汀江部分河段污染及大量网箱养鱼死亡。然而，紫金矿业将这一污染事故隐瞒了 9 天才公布于世。三大原因造成紫金矿业污染事故：企业防渗膜破损直接造成污水渗漏；人为非法打通 6 号集渗观察井排洪洞；检测设备损坏致使事件未被及时发现。2010 年 9 月 21 日，受台风“凡亚比”带来的罕见特大暴雨影响，茂名市信宜紫金矿业有限公司（简称信宜紫金公司）银岩锡矿高旗岭尾矿库发生溃坝事件，造成重大人员伤亡和财产损失。溃坝共造成 22 人死亡，房屋全倒户 523 户、受损户 815 户，受溃坝影响，下游流域范围内交通、水利等公共基础设施以及农田、农作物等严重损毁。

一份由国外环境领域专家撰写的报告《迈向环境可持续的未来——中华人民共和国国家环境分析》显示，中国最大的 500 个城市中，只有不到 1%的城市空气质量标准达到世界卫生组织的要求，同时，世界上污染最严重的 10 个城市中有 7 个在中国。由于空气污染的严重性，民众对于清洁空气的需求日益迫切。

学者们的研究结果也表明，我国公众对于环境满意度没有达到理想的程度。以长春市为例，进行理论环境满意度调查，调查要素包括空气质量、饮用水质量、地表水质量等方面。受访问人群从性别、年龄、学历及职业几个方面的特征进行分类，受访人群空间分布包括城区、社区和人群三个尺度。研究表明，长春市居民对生态环境的满意度为 51.8%。在调查的十个环境要素中，道路清扫保洁的满意度处于最高水平，达到 55.81%，而公众对于地表水质量的评价为最低档次，结果是 28.7%。说明总体上，多数居民对于周围的环境质量满意度不高，其中居民对于水环境质量评价更低，这与现在许多地表水污染，没有被很好治理的现状是一致的（田甜等，2016）。也有学者研究了空气质量与公众满意度、环境行为意愿之间的关系。研究的结果表明，环境行为意愿受到协变量感知空气质量和公众满意度，以及控制变量环境态度和环境知识等因素的显著影响。文章以杭州市为例，结果表明，公众对空气质量管理的总体满意度处于一般水平，其中公众对于企业的污染源控制行为和居住周围居民的环境保护行为的满意度较低。表明公众更加关注切身感受（李静，2016）。也有学者从公众视角对我国企业环境责任的发展状况进行调研，结果表明：公众对于企业环境责任的内涵总体认识不足，超过 75%的被调查者不太了解企业环境责任的概念；公众对企业履行环境责任的质量满意度偏低。调查结果显示，仅有 13.3%的公众认为企业履行环境责任方面达到了预期效果，另外有 8%的公众认为基本达到预期水平；公众对企业环保能力的信任度处于下降趋势，超过 41%的公众对于企业“宣传环保意识”及“节能减排能力”方面的表现是不满意的（杨宇希等，2016）。还有学者以长株潭城市群为例，对公众环境质量满意度进行了调查，结果表明：噪声污染对公众的满意度影响最大，公众对环境质量现状处于不满意水平（李昊匡等，2017）。

专家的研究结果和这些触目惊心的环境问题案例充分暴露出我国环境污染治理体系还不够完善。环境问题的严重性使得普通民众安全感受到很大影响。在目前人民群众对安全要求成为主导需求的情况下，获取更好的环境，保持环境质量的持续改善，既是政府的责任，也是促使民众参与到环境污染治理，从而提升整个社会环境质量的动力来源。

二、公众参与社会管理意识的强化

随着我国经济社会的持续发展，公民法制意识明显增强，公民参与社会管理积极性逐渐提升，公民以各种方式参与社会管理，提升社会管理水平，维护自己的合法权益。

学者们对公众参与社会管理这一课题进行了广泛研究。有学者认为我国公众参与社会治理存在一些问题，主要是：参与率较低、以非政治参与为主、参与形式单一。但最近两年，这种状况有很大改观（韩宛霖，2015）。有学者研究表明，近年来，农民工参与社会管理，维护自身权益的意识在明显提升。比如，更多农民工关注劳动合同的签订是否规范，更多人关注媒体发布的信息，更多的农民工知道维护自身权益的方式，学会通过网络和其他方式表达自己的诉求和建议（王祥兵，2012）。有学者以甘肃省为例，对公众参与循环经济的发展过程进行调查分析，发现尽管依然存在公众环保意识差，自觉参与意识较低、对政府、企业依赖性强的不足，但相比前几年，公众参与社会管理，维护自身权益的意识已经有了明显提升（莫琪江等，2015）。也有学者认为，目前我国公众参与社会管理有了一定程度发展，但仍然存在公众参与意识不足、发展不平衡、制度化参与途径较少等问题（范进利，2013）。

有研究认为，我国公众在参与社会管理方面尽管仍然存在公众参与意识薄弱、整体素质不高、参与能力不足等问题，但经过几年的努力，公众在参与社会治理方面的能力和意识都有了明显提升（吴晓东，2013）。还有研究结果指出了我国环境法制中存在的不足（邢嘉，2011）。

以上学者们的研究成果都充分表明，我国公民的环境保护意识逐年提升，但仍然存在一系列需要解决的问题。

总体上看，我国公民的环境保护意识正在呈现上升态势，与学者们的研究成果是一致的。

（一）环保热线的开通

2016 年环保部发布官方微博微信公众号，及时做好信息发布和解读。以北京市为例，2006 年 5 月北京市 12369 环保投诉举报咨询中心成立。环保部门通过这部热线，传递环保政策和导向信息，同时了解公众关注的热点问题。公众也可以通过这部热线，反映环境方面的诉求、意见和建议等，或者通过热线参与环境治理，行使监督权利。从这部热线举报情况看，近几年，举报数量直线上升，公众最为关注的是空气污染问题，占举报量的 70%以上。与之对应的是环保部开通的 12369 环保热线，仅 2013 年，环保部环保热线 12369 就受理 48749 件民众来电和网上举报。2016 年 12 月，环保部受理了 32480 件举报，是 2013 年全年举报量的 66%，可见民众环境保护意识上升幅度非常大，在环保部的各项举报中，涉及空气污染的最多，占 66%。

（二）环保组织规模的扩大

随着经济社会发展水平不断提高，社会公众对于环境质量要求也是越来越高。为了获得更好的环境，民众参与环保的意识日益提升，越来越大的社会公众选择加入公益组织，成为维护社会环境质量，消除环境污染的一员。据统计，中国环保公益组织数量从 2005 年的 2768 家增加到 2012 年的 7881 家，增加了 184%。环保公益组织的日益扩大，标志着民众参与环保意识达到了新的高度。

（三）环保公益广告数量日益扩大

近几年，随着环境保护日益深入人心，越来越多的民众在高涨的环保意识支持下，以创作环境保护公益广告的方式，践行改善环境质量、减少环境污染的誓言。现在从中央媒体到地方媒体，从纸质媒体到网络媒体，甚至影视剧、路边广告栏等处，越来越多的环保公益广告出现了。在这些公益广告的作用下，越来越多的社会公众环境保护意识得以强化，从而产生治理环境污染，当然也包括雾霾污染的持久动力。

公众参与社会治理意识的强化，是推动环境保护工作不断前进的动力。在参与社会治理的过程中，环保意识的不断强化，是雾霾污染治理能够取得成效的巨大动力。从本质上说，公众环保意识增强也是马斯洛需求层次理论在雾霾治理领域的具体体现。因为现在我国国民的物质生活已经极大丰富，人们已经不足局限于解决温饱问题，开始追求更高层次的生活，而高层次生活的基础是要有良好的环境。如果环境质量持续降低，人民群众的幸福感也就无从谈起。所以，要利用好、引导好、保持好社会公众积极参与环境保护的意识，提升参与环境保护的能力，以此作为提升我国雾霾治理水平的驱动力。

三、分享公共权力的需求

一个社会发展到一定程度后，社会公众行使自己权利的意识越强，分享公共权力，以维护自身利益，同时促进社会发展的意识越强。我国社会发展到现在阶段，已经成为全球第二大经济体。我们的物质生活已经比较丰富，这种情况下，民众对于分享公共权力，实现民主价值的欲望更加强烈。民众迫切需要获得对社会事务的知情权、参与权。

人们注意到，现在越来越多的社会事务进行决策前，注意吸收公众的意见。小到一个村是否集资修路，如何集资，拆迁方案的制定，大到一个城市公共产品价格的调整，再大至国家法律的制定和修改，都在不断倾听老百姓的意见。很显然，政府已经非常注意人民群众在经济社会发展过程中的重要作用。希望通过汲取民众的智慧，制定更加科学的经济社会发展政策，促进社会和谐发展。

政府通过法律修改和制定的方式赋予普通民众更大范围的参与权。学者们对于分享公共权力进行相关研究，取得了一系列研究成果。

合理的公共教育权力分享有助于服务性政府的建构，而不当的公共教育权力分享会形成对于传统官僚制下高度集中的政府教育行政权能和问责体系的解构，导致政府治理面临各种风险（刘青峰等，2015）。公共权力被提升为国家权力，导致公共权力自身的悖论以及公共权力与公共利益的矛盾，进而成为许多社会纷争的根源。所以，为了减少这种纷争，应该严格划分公共权力与公民权利的界限，实现公共权力的分享（窦炎国，2006）。有学者认为，环境保护公众参与制度，是对各级政府及有关部门的环境决策行为、经济环境行为以及环境管理部门的监督制度，是听取公众意见、取得公众认可的环境保护制度，也是实现公共权力分享的一种形式（卓光俊等，2011）。

还有学者分析了公共权力对女性形象的影响。结果表明，现代社会由于女性对公共领域参与程度不够，导致男性成为公共权力的操控者，使得男性意识成为社会的主流意识。因此，女性必须参与公共权力分享，更多地参与到公共领域的活动中来（白春霞等，2011）。有学者对环境知情权的内涵、环境知情权产生的基础、环境知情权的作用和价值、环境知情权如何实现分享进行科学阐述（马燕等，2003）。还有学者认为，民主行政的价值取向表现为两个方面：一是利益表达上的平等性，二是实现表达的利益而扩大公众参与，即要实现权力分享（王元华，2002）。有学者从“治理共同体”视角对我国民主行政的社会建构进行了研究。提出要实现中国民主行政社会建构，应该构建治理共同体，实现公共权力的科学分享（公维友，2013）。还有学者则提出应该从政府权力的国际拓展角度实现权力分享（陈艺丹，2010）。

学者们的研究表明，现阶段，我国公民在公共权力分享意识方面尽管还存在不足之处，但相比以前，社会公众在参与社会管理、分享公共权力方面的积极性和主动性已经大幅提升。特别是随着网络普及，公民信息获得渠道更为通畅，给公民参加社会管理，积极建言献策提供了前所未有的广阔空间。新一届中央政府在依法治国方面取得了巨大成就。习近平总书记提出，要把权力关在制度的笼子里，防止权力滥用导致的腐败现象。李克强总理多次指示，减少行政审批事项。现在，需要行政审批的事项比五年前减少了一半左右。

立法层面上，为公众分享公共权力，积极投身环境保护提供有力保障。由十二届全国人大常委会第八次会议审议通过的新修订的《环境保护法》正式实施，备受社会关注的环境公益诉讼主体资格，历经几次调整修改，最终扩大到“设区的市级以上政府民政部门登记的相关社会组织”。这彻底解决了环保公益诉讼的主体资格问题。比如许多环保公益组织眼见许多环境污染事件，可通过法律途径，通过向法院起诉方式，制止污染行为，但是以前因为不具备起诉资格，经常看到环境污染事件发生而无能为力。有了新的《环境保护法》的规定，环境公益组织可以行使权力，通过法律途径制止环境污染行为。这一规定，也使得公众分享公共权力以参加社会管理的诉求得到进一步满足。

这些做法，限制了公共权力的行使，客观上具有让全民分享公共权力的效果。可以预见，随着我国改革开放的不断深入，随着我国法制的不断健全，我国公民在分享公共权力，参与社会管理方面的需求将进一步增强。这种分享公共权力的需求，将导致民众参与社会管理的热情更加高涨。就治理环境污染，特别是雾霾污染来说，公众对公共权力分享的需求，将会促使公众更加认真地思考治理雾霾之策，并主动从自身做起，投身到治理雾霾污染的全过程，这是我国雾霾治理的主要驱动力之一。

四、公众归属感的推动

归属感，又称为隶属感，是指个体与所属群体间的一种内在联系，是某一个体对特殊群体及其从属关系的划定、认同和维系，归属感则是这种划定、认同、和维系的心理表现。研究表明，缺乏归属感的人会对自己从事的工作缺乏激情，责任感不强；社交圈子狭窄，朋友不多；业余生活单调，缺乏兴趣爱好。

公众归属感，是公众在长期的工作、生活过程中产生的对国家、所在地区的强烈的认同感。这种认同感体现在许多方面，比如国民身份，对国家的制度、法律、方针政策等方面的认同。公众的归属感首先体现在对于所在社区的认同。社区是社会的基本单位。国民对所在的社区服务、环境、生活质量都达到满意程度，就会有很强的社会归属感，从而延伸到对国家的归属感。这种感觉将促使社会公众自觉规范自己的行为，努力通过自己行为维护国家的荣誉、安全和利益。

学者们对于公众归属感进行了较为详细的研究，取得了一系列成果。有学者以深圳市公共社区为例，对公众归属感问题进行研究。结果表明，政府供应是让公共服务业得到公众情感认同的模式（刘筱等，2010）。有学者认为，现代社会人们过于强调以自我利益为中心，追求自身的利益，把其他人视为达到自己目的的手段。人与人之间的联合是表面化的、基于利益支撑的契约交换关系，这样的关系导致人们陷入社会认同的困境，出现了归属感的危机。所以，应该通过采取有效手段，实现以个人利益为核心的“市民社会”向以公共精神为核心的“公民社会”的转变（冯建军，2014）。有学者提出，通过公民教育可以强化公民的身份认同及国家归属感，可以促进公民对于国家制度的认同。根据调查，现在我国国民的国家认同水平还处于比较低的层次（顾成敏，2011）。也有学者认为，民族国家的公民教育有助于养成公民对于民族国家的认同和忠诚，而边疆地区的公民教育必须从三个方面展开：以国家认同意识为核心的国家意识教育、以公民身份意识为核心的公民主体意识教育、以爱国主义为核心的多元一体的中华民族共同体意识教育（张建荣等，2015）。

有学者认为，核心价值是引领公民公共生活的政治文化，植根于公共理性，集中反映了政治生活的核心理念和伦理价值。公民在对于以核心价值为灵活的政治文化认同中，找到自我的政治归属感，并且认识、理解自我对于公共生活的责任与义务（李建华，2014）。还有学者认为，改革开放以来，我国社会成员对社会的归属感发生了变化，不仅表现在心理预期、形成途径等方面，而且表现在不同社会阶层的成员对社会归属感的强弱方面也有一定的差异性（李有发，2008）。有学者提出乡村居民公共精神的缺失已经成为一个普遍问题，表现为农民政治认同感和政治归属感的下降；农民责任意识淡漠，缺乏参与公共事务的热情（王丽，2012）。有学者则提出，可以通过文化身份和民族身份建构增强民众的归属感和自我意识（张劲松等，2016）。有研究发现，“农转非”型居民的社会归属感整体上比较高。性别、文化程度、职业几个因素对居民归属感的影响较弱，而年龄、月收入、社区人际关系、社区满意度、社区参与几个因素对居民归属感影响较强（李智，2013）。

有学者以江苏农民集中居住区新移民为例，对居民的社区归属感进行了研究。结果表明，移民的社区归属感主要取决于移民社会适应能力、社区居住条件、社区邻里关系以及移民社交能力、移民个体特征等因素（叶继红，2011）。有学者总结了城市社区归属感的现状，认为居民的社区归属感所依赖的物质基础和精神基础还没有很好地形成。因此，要坚持立足于满足社区居民生活和其他方面的各种需求，坚持立足于解决社区居民生活和其他方面的问题，以此来提升社区居民的社区归属感（高翔，2012）。还有研究发现，城市社区居民的归属感总体处于较高水平，社区满意度是影响社区归属感的重要因素（李洪涛，2005）。当前社区已经成为中国城市化进程中一种新的基本组织形态。居民的社区归属感是决定社区存在和发展的重要前提，而社区满意度是决定居民社区归属感的重要因素（单箐箐，2006）。大部分城镇居民对自己所属的社区有较为强烈的归属感。影响社区归属感的因素有社区邻里关系、社区组织建设、社区文化建设、社区参与度、社区满意度（凡璐，2013）。以大瑶新城区为例，对湖南浏阳新城社区居民归属感进行了研究。研究结果也表明，绝大多数城镇居民对所在社区归属感较强，而居住空间环境、邻里间社交、社区参与、亲切感、社区认同、工作需求等因素对居民归属感有重要影响（李水根，2013）。

从学者们的研究成果可以看出，我国当前局面对于社区满意度有显著的提升，社区满意度的重要方面表现在对于社会环境的满意度。这说明我国居民对于环境的满意度有逐渐改善的趋势。但学者们的研究成果也表明，我国社区居民对于环境满意度与人民群众的期望值相比还有一定差距。

实践上看，从国家层面来说，也推出了各项举措以增强全体中国人的归属感。习近平总书记说过“人民对幸福生活的向往，就是我们奋斗的目标”。随着我国经济社会发展程度不断加快，随着我国建成全面小康社会的脚步越来越近，我国社会公众的归属感进一步增强，并且对民众来说，有进一步提升归属感的需求，这种需求，促使民众自身关注我国经济社会发展中存在的问题，并身体力行，积极建言献策。当前影响我国居民归属感进一步提升的一个重要方面因素是环境质量没有达到公众要求，有的地方有恶化趋势。特别是每到冬天，我国北方地区日益严重的雾霾已经影响了百姓日常生活。并且这几年，雾霾有向全国蔓延之势。这种情况下，公众基于归属感提升的需求，会产生一种驱动力，驱动他们积极投身到雾霾治理的全民行动中。

第二节 公众参与雾霾治理的拉力机制

除了上节所列出的一些促使公众参与雾霾污染治理的推力机制之外，还有一些因素对公众参与雾霾治理形成拉力机制，促使公众更加积极参与到雾霾治理的过程中来。

一、空气环境质量的特殊性

空气环境质量是环境质量体系的重要组成部分。由于空气直接接触到公众的五官，直接被社会公众感知，所以社会公众对于空气环境质量的变化更加敏感。实践层面，2012 年，环境保护部发布了环境空气质量标准（GB3095—2012），按有关法律规定，该标准具有强制执行的效力。该标准自 2016 年 1 月 1 日起在全国实施。按照这个标准，空气环境质量包含几个因素：二氧化硫（SO_2）、二氧化氮（NO_2）、一氧化碳（CO）、臭氧（O_3）、颗粒物（PM2.5）、颗粒物（PM10）、总悬浮颗粒物、氮氧化合物、铅、苯并芘。

当前，学术界非常关注空气环境质量，对此进行了广泛的研究，取得了一系列研究成果。了解这些研究成果，对于我们准确把握我国空气环境质量的状况和特征有重要意义。

有学者分析表明，我国大气污染物已经从二氧化硫转向 PM10，而且大气环境质量呈现出大区域特征。以年日均空气污染指数分布为例，出现了两个大污染区域，一个是华北、东北和西北部分地区，另一个是长江中下游地区，表明我国大气环境质量呈现明显的区域性特征（任阵海等，2004）。还有学者通过 GM（1，1）模型，对乌鲁木齐近年来的大气环境质量进行监测，结果发现，近年来乌鲁木齐市主要大气污染物依然是二氧化硫和 PM10，并且呈现出典型的煤烟型污染特征（郑健等，2013）。

有学者对聊城市大气污染情况进行了研究。研究表明，影响聊城市大气环境质量的因子有自然因素和人为因素。自然因素包括当地的地形、降水情况、气团运动；人为因素包括本地能源结构、建筑施工扬尘、绿化情况、机动车使用量

（王成祥，2016）。还有学者研究表明，延安市能源消费结构不合理是导致延安市大气污染严重的主要原因（寇栓虎，2010）。一项对黔江城区大气环境质量与气象的关系进行的研究结果表明，气象因素对空气质量产生一定影响，降水对改善空气质量作用明显（姚婧等，2017）。还有研究表明，大尺度高压及低压弱气压场垂直结构及长时间持续是导致区域污染过程形成的主要原因，而台风系统影响的边缘及内陆地区的环境背景场非常有利于污染物的累积（陈朝晖，2008）。有学者研究了沙尘对兰州市大气环境质量的影响。结果表明，兰州市大气污染主要因子主要是二氧化硫、二氧化氮、PM10 等，沙尘对于这些污染物的排放都有显著影响（郭勇涛等，2015）。

综观学者们研究成果，结合我国大气污染排放情况可以看出，大气环境质量有几个典型特征：

一是区域性特征。通常大气环境质量表现为明显区域性特征，即在某个区域或者某几个区域环境质量呈现总体一致性，通常表现为总体下降趋势。比如，近几年冬季，华北地区，特别是京津冀地区有明显的大气质量下降特征。有时，区域扩大到东北、西部，甚至南方某些地区。

二是污染物因子集中。大气污染物排放主要集中在二氧化硫、二氧化氮、臭氧、颗粒物等几个因子，其他污染物产生量很少。这一点从学者们的研究成果以及国家历年环境公报可以看出。

三是大气环境质量与公众密切相关。众所周知，空气是维持人类生命的不可缺少的物质。人生活在世界上，一时一刻离不开呼吸。所以，大气质量降低，人的感官暴露在空气中，能够最先感觉到。在大气环境质量好的地区，比如自然保护区，人们能够感觉到神清气爽，就是因为这些地区空气中有益物质多，有害物质少。而每年到冬天，每当空气质量大幅下降的时候，人们就会感到精神萎靡，严重者呼吸道疾病随之而生。这与其他种类环境污染物的感觉是不同的。比如，尽管河流的废水也是环境质量下降的重要表现，但由于我国城市化率超过 50%，超过一半人生活在城区，不直接接触废水，所以对于废水污染的感知度不高。正因为如此，大气环境质量才是人们最关注的。在当今人们物质生活已经比较充裕的条件下，根据马斯洛需求层次理论，人们追求更加高层次的生活，是非常自然的本能。很显然，大气环境质量是人们能够首先切身感受到的。人们对于高质量大气环境的追求，会对人们主动参与空气污染治理起到比较强的拉动作用。换言之，人们对于洁净空气的追求是促使人们更加积极地参与到环境保护，特别是雾霾治理的拉动力，会形成比较强的拉力机制。在这种机制的作用下，社会公众发挥主观能动性，积极参与雾霾治理的潜能被调动起来，从而有助于全社会空气质量的好转。

二、雾霾污染危害的普遍性和严重性

雾，是由水滴和冰晶的消光作用造成的能见度下降现象；其中的水滴由 6~10 微米的粒子或大粒子组成，人眼可以看到。雾容易出现在乡村或湿地上空，在城里很难见到，即使是湿度较大的广州也少见。霾，在我国古已有之。《说文解字》注为：风而雨土为霾。《诗经》曰："终风且霾。"霾是次微米粒子消光导致的低能见度现象，或由于悬浮着大量的烟、尘等微粒而形成的空气混浊形象；颗粒物大多小于 1 微米（PM1），其中的大部分是污染物，在 PM2.5 内。环境化学家将霾解释为一种"气溶胶"（碳氢化合物、挥发性有机化合物、盐类、尘埃、前体物二氧化硫和氮氧化物等）悬浮在近地表面 1000~3000 米形成的大气混沌现象。

雾霾污染导致的危害具有普遍性和严重性特征。学者们对此进行了深入的探讨。有学者对 1930 年发生于比利时马斯河谷的烟雾活动成因进行了分析。这次事件导致 60 多人死亡，还有大量的牲畜、鸟和田鼠也出现了病情甚至死亡。经过分析，原因是烟雾事件发生时，人为排放的废气累积到一定的阈值并超过人体和其他物种能够承受的最大限度，所以导致人和动物死亡的严重后果，可见雾霾污染的严重性（梅雪芹等，2014）。有学者调查显示，2010 年北京有 2349 人因为雾霾污染过早死亡，上海因为雾霾污染过早死亡人数为 2980 人，而广州和西安因为雾霾污染过早死亡的人数分别是 1715 人和 726 人，同时雾霾污染导致经济损失超过了 61.7 亿元（潘小川等，2012）。2013 年 10 月，世界卫生组织下属的国际癌症研究机构正式把大气颗粒物定为一类致癌物。

研究表明，雾霾很可能取代吸烟成为肺癌头号致病"杀手"（桑士达，2012）。有学者认为雾霾的危害主要表现在：雾霾影响人们的正常生产生活秩序；雾霾影响交通运输及人们的出行，比如雾气遮挡信号灯导致交通事故，雾气中人们不能晨练；雾霾影响电力设施等公共设施的正常运转，比如雾霾影响电力设施绝缘性和安全性；雾霾天气影响农业和养殖业的发展，雾霾影响日照时间和强度，影响农作物正常生长；雾霾影响经济发展，由于雾霾活动导致人们健康水平下降，影响了正常经济和社会发展，雾霾天气严重，病人增多，医疗费用支出明显增加，拖累经济发展，同时降低人们健康水平，劳动力素质下降，会影响经济发展；雾霾影响政治稳定，雾霾天气持续，将会影响社会公众对政府的信任，严重时导致政治危机（张迪，2012）。

有学者对于环巢湖地区的雾霾天气进行了研究。结果表明，大气颗粒物仍然是影响环巢湖地区空气质量、导致环巢湖地区雾霾污染的主要因素。一项对合肥市空气质量的调查显示，PM2.5 依然是导致该市空气质量下降的主要因素（孙路遥，2016）。研究表明，雾霾对外贸产业的影响很大。在严重雾霾天气状况下，2012 年 1 月，我国各大港口造成的外贸货物滞留量达到 2213 万吨，同比下降 0.6 个百分点，而交易额则下降了 1.1 个百分点。同时，雾霾也影响我国的旅游产业，近年来有关雾霾污染的报道降低了中国对国外旅游者的吸引力（梁玉霞，2014）。国外很多人认为到中国旅游将会付出健康的代价。美国《时代》周刊报道，2012 年上半年国外到中国游客数量同比减少 5 个百分点，旅游业营业额同比减少 2.1 个百分点，其中到北京市游客减少 15%。雾霾污染还会导致我国生态系统退化。因为雾霾天气使得能见度降低，阻隔太阳光对地面的照射，植物光合作用降低，植物生长所需要的各种能量得不到充分满足，就会造成植物的卷叶、脱落甚至死亡。雾霾天气对水质也有不良影响。雾霾天气严重的情况下，大气中的有毒颗粒会沉淀在我们日常所需的水源中，一些重金属得不到有效排解，会导致水源污染，这些有毒重金属通过饮用水进入人体，会严重危害人们的健康。

研究表明，雾霾不仅损害心血管、神经、免疫系统，也会损害大脑的发育（杨欢等，2017）。还有研究结果表明，臭氧已经成为导致空气质量下降的主要因素之一，有的地方甚至是最主要因素（古丽娜尔·玉素甫等，2015）。以 2015 年夏天为例，北京市首要污染物为臭氧的天数比以往大幅增加，仅 7 月、8 月就达到 40 多天。臭氧导致的危害至少有四个方面：一是刺激与损害人体鼻黏膜及呼吸道。当空气中臭氧浓度过高时，就会出现胸闷、心悸等症状，更严重者会导致死亡。二是刺激眼睛与皮肤，导致视力下降甚至失明。三是破坏人体循环组织的功能。四是损害人体心血管及心肺功能。还有学者研究表明，雾霾对太阳放射的散射和吸收，会改变太阳放射现状，影响太阳到达地面的能量，从而引起气候的极端变化（布和，2016）。还有学者证实了雾霾对妊娠期胎儿发育有严重危害（窦红哲，2016）。

雾霾污染会危害人类身体健康，降低能见度从而影响交通，造成城市光化学污染（杨凤怡，2015）。根据北京市卫生局发布的数据，2002 年每 10 万人中的肺癌发病人数为 39.56 人，2011 年这一数据激增至 63.09 人。据世界卫生组织估计，2012 年全球因为空气污染导致的死亡人数超过 700 万人。以徐州市中小学生为例，研究雾霾天气对中小学生呼吸系统健康的影响。结果表明，发现雾霾当天至雾霾后第 3 天的呼吸系统急性症状报告率不同程度增加，低年级学生较高年级学生对雾霾的急性健康危害更为敏感。这一研究结果表明，雾霾对于人类身体健康，特别是青少年健康状况有严重的负面影响（薛元恺，2017）。还有结果显示，居住在低浓度颗粒物水平城市中的居民平均寿命比在高颗粒物浓度的城市中延长 2 年（周广强，2013）。PM2.5 浓度每增加 10 微克/立方米，引起的肺炎死亡率增加 4%，慢性阻塞性肺病增加 3%，缺血性心脏病增加 2%。

综观学者们的研究成果可以看出，雾霾对于人类的危害具有普遍性特征。从区域来说，我国许多区域存在雾霾污染，尤其以华北、东北地区为甚。这几年每到秋冬季，全国受到雾霾污染的地区成倍增加，表明我国雾霾污染的普遍性更加明显。从雾霾影响的产业看，不仅影响农业生产，也影响交通、物流、旅游等产业，同时对人类健康更是有直接的影响。从影响人群的年龄来说，不仅影响成年人，对青少年和老年人的影响更加严重。另外，我国雾霾污染具有严重性特征。从学者们的研究成果可以看出，我国雾霾污染导致肺病等重病的患病率成倍增加，降低了人民的体质，增加了医疗负担。雾霾对于经济发展、政治稳定、国家信誉都造成非常负面的影响，充分暴露出雾霾污染的严重性。

对美好事物的追求，是人类孜孜以求的目标，也是人类不断进步的动力源泉。特别是在我国现阶段物质生活已经比较充裕的情况下，人们对于更高生活质量的需求将会被放到更加突出的位置。显然，这种追求更好环境质量的心态，会导致人们更加积极地行动。现阶段，人们环保意识不断增强，对于雾霾污染的危害认识将更加深刻，也更加意识到雾霾污染治理与每个个体之间的关系。越来越多的人已经认识到，治理雾霾污染不能仅仅依靠政府力量，必须从每个人自身做起，从每件事做起，形成雾霾治理的公众合力和公众自觉行动，才能取得雾霾治理的好效果。

由于雾霾导致的污染严重影响了社会公众的日常生活，这会形成一种内在的拉力，在这种拉力作用下，人们参与雾霾治理的意识会不断提升，参与雾霾治理的能力也会不断提升。这种拉力机制的形成有利于公众积极地投身到雾霾治理的实践中，能够保障我国的雾霾治理取得好的效果。

三、生态文明建设的需要

生态文明是人类文明的一种形态，是指人类遵循人、自然和社会和谐发展规律而取得的物质与精神成果的总和，是指人与自然、人与人、人与社会和谐共生、良性循环、全面发展、持续繁荣为基本宗旨的文化伦理形态（刘跃，2010）。党的十八大报告提出五个建设的目标，将生态文明建设提升到与经济建设、政治建设、文化建设、社会建设同等重要的高度，这在党的历史上还是第一次。

中共十八大报告提出生态文明建设，是有深刻背景的。这既是党的指导思想下产生的结果，也是日益加剧的资源环境约束的需要。科学发展观是党的指导思想的重要组成部分。科学发展观强调人与自然和谐发展，生态文明建设正是这一指导思想在实践中的体现。我国经济经过改革开放 30 多年来得到长足发展，但同时，我国面临的资源环境压力也越来越大。一方面，我国人均资源拥有量在全世界排名中很靠后，我国人均水资源拥有量仅为世界平均水平的 1/4，人均耕地拥有量不到世界平均水平的 40%，石油、天然气、铜等重要矿产资源储量分别占世界人均水平的 8.3%、4.1%、25.5%；另一方面，我国资源能源利用效率又很低，导致巨大浪费的同时产生了较为严重的污染。据统计，我国单位 GDP 能耗是日本的 11.5 倍。基于我国资源环境面临的压力。中共十八大报告及时提出生态文明建设的战略是非常必要和及时的。中共十八大报告提出的我国生态文明建设当前和今后一个阶段要重点完成以下任务：优化国土空间开发格局；全面促进资源节约；加大自然生态系统和环境保护力度；加强生态文明制度建设。可见，环境保护是我国生态文明建设的重要组成部分，而雾霾污染治理又是实现环境质量提升的重要抓手。

加强生态文明建设，必须要全社会的共同参与才能取得积极成效。学者们对于生态文明建设的公众参与问题进行了较为深入的研究，取得了一系列研究成果。

公众参与是生态文明建设的强大后盾（郭世平，2014）。对鄱阳湖生态经济区居民参与生态文明建设问题进行的研究结果表明，居民对于公众参与生态文明建设的关注度主要表现在几个方面：改善生态环境、提升本地区品牌影响力、增强环保意识、促进经济发展和提升旅游资源水平（刘珊等，2014）。人民群众作为国家的主人理应参与到国家的各项事务管理中。生态文明建设作为国家总体战略的重要组成部分，更加需要人民群众的力量，需要群众的积极参与。人民群众是生态文明建设的主体。生态文明建设没有群众的参与是实现不了的。我们应该积极倡导人民群众参与到生态文明建设的实践中，让公民、社团组织等参与主体，通过各种渠道，在遵循一定程序的基础上，通过各种方式参与生态文明建设，包括参与决策、提供建议、进行监督等。生态文明建设吸收公众参与能够充分发挥公众的社会合力作用和整体功能，公众参与生态文明建设也是“美丽中国”建设的必然要求（秦书生等，2014）。

公众参与制度是生态文明制度体系的重要组成部分。生态文明制度建设需要调动公众参与的积极性，并通过制度化建设来保障公众的参与权及提高公众参与的实效性。建设生态文明的公众参与制度，不仅要从参与观念、参与能力和公共精神培养入手来创造和培养公众参与的主体条件，而且要重点制定相应的制度保障，具体有以下几个方面：公众的环境知情权保障机制、非政府组织建设机制（邓翠华，2013）。从生态文明政府建设角度看，政府应该运用政策手段，推动公众参与精神文明建设（梅凤乔，2016）。有学者研究了海洋生态文明建设的公众参与问题，认为公众参与没有显示应有的效果是导致海洋生态文明建设迟滞的主因，也是导致海洋碳汇功能没有充分发挥的重要推手（马彩华等，2010）。还有学者认为，市民是城市精神文明建设的主体之一，与政府、企业共同承担城市生态文明建设的重任，发挥不可替代的作用（张晓慧，2013）。

有研究认为公众是生态文明建设的基础性力量。公众参与对于生态文明建设具有不可替代的作用，这是因为，首先，只有广泛吸收公众参与，让公众在生态文明建设各个环节充分发挥主人翁作用，才能实现生态文明的目标；其次，公众参与有利于提高决策的科学性和民主性，防止决策过程的盲目性，提高决策正确性；最后，国外精神文明建设的成功实践也充分说明了公众参与生态文明建设的不可或缺性（王越等，2013）。张文英（2014）分析了不同社会形态下公众参与的动力机制，认为我国的社会制度决定了公众参与是政府指导下的公众有限参与，这种参与是在物质生活水平极大提高的前提下发生的。这时候社会公众更加关注与人民生活密切相关的人居环境和生活环境问题，这是公众参与生态文明建设的动力（张文英，2014）。

有学者以鄱阳湖生态经济区为例，探讨公众参与生态文明建设问题。研究结果认为，要破解鄱阳湖地区资源、人口和环境约束，必须加强生态文明建设，并且要广泛动员社会公众的积极参与。通过公众参与实现精神文明建设中人力、心理、社会资本的协同耦合，推动政府、企业和居民耦合协同机制的构建（梅国平等，2013）。公众是环境保护的不竭动力，环境保护的公众参与是责任也是义务，是“群众路线”的体现，是科学发展观的内在需求，是和谐社会和生态文明建设的重要手段（付军等，2010）。我国生态文明建设的公众参与方面仍然面临诸多挑战，需要以科学理性、依法有序、积极有效作为目标，以利益相关性作为公众参与生态文明建设的基本原则（陈润羊等，2017）。有学者提出，要提升公众参与生态文明建设的成效，需要重点关注以下几个方面：加强生态文明环境教育以培养生态公民；创新参与方式以拓宽公众参与渠道；健全生态环境信息公开制度以提高信息的透明度；完善公众环境公益的诉讼权以提升公众参与的合法性（施生旭等，2016）。还有学者探讨了农村公众参与生态文明建设的必要性，主要表现在几个方面：农村生态文明建设任务繁重、农村基层行政力量薄弱、生态文明建设决策能力提升、民主政治要求（张静等，2016）。

综合以上学者们的研究成果可以看出，在当前我国生态文明建设已经提升为国家战略的情况下，生态文明建设需要集中全社会力量共同参与，才能达到应有的成效，这已经成为越来越多人的共识。从研究成果归结起来可以看出我国生态文明建设公众参与方面的特点。

一是人们对于公众参与生态文明建设重要性和必要性的认识日益深化。许多学者将公众参与生态文明建设的程度提升到关系生态文明建设目标是否达成，我国生态文明战略能否顺利实施的高度。这个观点越来越得到社会的共识。

二是公众参与生态文明建设的措施还不够完善，渠道还不够通畅，意识还达不到应有要求，参与能力也达不到应有水准。从已有研究成果看，我国公众参与生态文明建设的工作需要政府强力推进，从宣传、机制建设、法律法规的制定和修改等方面进行完善。通过一系列扎实有效的工作，让公众参与生态文明建设的热情能够得到切实发挥，公众参与生态文明建设渠道更加通畅，公众参与生态文明建设的成效得以更好地体现。

三是公众参与生态文明建设的重点区域和方式还没有形成共识。很显然，生态文明建设涉及多方面，公众既是生态文明建设成果的直接享受者，也是导致环境质量下降的重要推手。公众参与生态文明建设，应该突出重点。当前，雾霾污染导致的损害日益严重，雾霾污染的普遍性和危害的严重性使得雾霾治理成为当前最重要的工作之一。可以说，现在雾霾治理已经成为生态文明建设的重要一环。社会公众对于雾霾污染带来的危害有最直接的感受。雾霾污染直接影响人们的出行、健康。而导致雾霾污染的重要原因是工业污染、机动车排放、工地扬尘等。作为社会公众，应该将雾霾污染治理作为参与生态文明建设的重点之一。因为导致雾霾污染的原因很多来自公众个体的行为，比如随着生活水平提升，机动车的大幅增加。

综上所述，国家生态文明建设战略的提出，体现人们对于更好环境质量的要求。国家要保障生态文明建设成效，应采取切实科学可行的措施，动员全体社会公众积极参与到精神文明建设的实践中，特别是参与到雾霾污染治理的实践中。这是吸引社会公众参与雾霾污染治理的巨大推动力。在这一巨大推动力的影响下，公众在参与生态文明建设和雾霾治理的过程中，巨大的潜能就会被激发出来，从而使全社会共同努力，形成治理雾霾污染的强大合力，能够保证我国生态文明建设取得预期效果，当然也能保证我国雾霾治理在公众参与下达到期望的目标。

四、立法与政策、制度的驱动

改革开放以来，我国法制工作取得长足进展，目前具有中国特色社会主义的法治体系基本形成。特别是中共十八大以来，以习近平同志为核心的党中央更加重视依法治国工作。习近平同志围绕全面依法治国做了一系列重要论述。习总书记强调，全面依法治国是顺利完成各项目标任务、全面建成小康社会、加快推进社会主义现代化的重要保证。全面推进依法治国也是解决我们在发展中面临的一系列重大问题，解放和增强社会活力、促进社会公平正义、维护社会和谐稳定、确保国家长治久安的根本要求。习近平同志的讲话，将依法治国的理念提升到前所未有的高度，为我国进一步完善法制，从而促进我国经济社会的全面发展，人民生活的持续改善指明了方向。

当前，我国面临的一项突出的问题是环境污染问题，可以说，现在社会公众对于环境问题的关注已经超过了历史上任何一个时期，国家对于环境问题的重视程度也超越了历史上任何一个时期。最近一两年来，中央政府组织的全国环保督查在全国掀起了一场环境风暴，一大批环境质量没有达标的企业被勒令整改，严重的被取缔，一大批在监督环境污染方面履职不力的官员被依法依纪给予各种处分。在中央更加重视环境污染治理问题的同时，我国环境立法和政策方面也进行了相应的调整和完善。特别是环境污染治理方面，需要广大公众的积极参与。这方面的立法和政策也趋于完善。

学者们对于社会公众参与环境方面的法律和政策问题进行了较为深入的研究。梳理学者们的研究成果，对于准确把握当前形势下，我国环境治理方面特别是污染治理方面，如何通过立法和政策的调整，形成公众参与雾霾治理的推力，从而形成科学有力的推力机制有重要意义。

有学者认为，在当前我国经济转型升级的大背景下，要充分利益环保政策、法律和标准的“倒逼”机制和环境规划、区划等的“引导”机制，以带动技术更新和产业升级。因此，需要从几个方面创新我国的环境法制：以修改《环境保护法》为龙头，推动经济绿色转型；以强化市场机制为方向，不断完善环境经济政策体系；以惩治环境犯罪为突破口，大力推进环境司法的专门化；以环境信息公开为手段，建立政府与公众良性互动的环保公共关系（潘岳，2013）。还有学者认为我国原有的《中华人民共和国环境保护法》存在浓厚的计划经济色彩，需要进行修改。修改过程中，应该贯彻环境保护优先原则、预防原则、合理开发利用原则、污染者负担受益者补偿原则、公众参与原则。要强化环境保护法的基本法作用，建立环境公益诉讼制度、生态补偿制度等（曹明德，2012）。另外的研究表明，当前公众参与大气污染防治是公众参与环境保护的一个相对薄弱的领域，所以针对这种现状，国家需要在立法上对公众参与做出一些特别规定，主要包括宣传、鼓励、严格执法、明确职责、建立公益诉讼制度等方面（李艳芳，2005）。

有学者提出，针对我国现行法律体系中对公民环境权行使重视不够的情况，应该通过立法形式明确公众参与环境影响评价的效力，通过立法保障公众参与环境决策参与权的实现，从而构建符合中国国情的环境公益诉讼制度（邓小云，2010）。还有学者提出，要构建更加透明和开放的环境立法程序制度，改善环境立法的信息收集状况，争取公众的接受和认同，这样有助于环境立法的有效实施（杜万平，2008）。有学者提出，要从根本上改善环境质量，需要进一步完善环境保护的体制机制，增强公众对于环境保护的参与意识和热情，增进公众对环境信息的知情权等权利（杨超，2016）。还有研究表明，公众参与环境保护的法律制度应该贯穿于法律实施的全过程，主要包括环境信息知情制度、环境立法参与制度、环境行政参与制度、环境司法参与制度以及这些制度实施的程序保障制度等

（史玉成，2008）。有学者针对我国环境保护公众参与制度的不足，从公民环境权的角度分析了环境公众参与制度的正当性，从法理的维度分析了环境公众参与制度的制度价值（卓光俊等，2011）。

有学者对新修订的《环境保护法》进行了剖析，认为修订后的《环境保护法》对公众参与环境保护有了更加明确的规定，表现在：确立了公众参与的环境法基本原则，作出了公众参与建设项目环境影响评价的规定，并且对信息公开和公众参与进行专章规定（柯坚，2015）。有学者认为现行的环境影响评价公众参与机制在取得丰富立法成果的同时，也存在一些不足，主要是公众参与的范围不够全面、政策环境影响考量中公众参与较为笼统等。所以需要改进立法，进一步深化和加强环境影响评价公众参与的程度（肖强等，2015）。有研究表明，目前我国环境立法在公众参与层面还存在不足，主要是缺乏公众利益表达机制，导致立法缺乏可操作性。所以应该以利益表达的整合为基础，建立完善的环境立法公众利益表达制度（杨添翼等，2013）。有学者则提出，要改变环境保护立法中对于公众参与的原则性规定，从我国国情出发，借鉴国外先进制度，建立适合我国国情的公众参与环境保护的法律制度（张晓文，2007）。有学者对公众环境知情权进行了研究，认为公众参与环境保护的核心要素，公众参与环境保护的驱动力主要是四个方面：环境意识、环境道德、环境知识和环境行为（孙巍，2009）。学者们研究成果还显示，要使得公众参与环境保护的立法取得好的效果，需要展现协商民主理念（宋菊芳，2014）。在从事环境保护的过程中，存在政府、企业与公众之间的博弈行为，因此，政府需要制定一系列制度，促进公众参与（王凤，2008）。

实践层面，国家对于公众参与环境保护提供了有力的政策和制度支持。《环境保护公众参与办法》于 2015 年 9 月 1 日正式实施。这个文件比较具体地规定了公众参与环境保护的原则，公众参与环境保护的内容和程序等方面。原有的《环境保护法》经过修改，突出了公众参与环境保护的内容，给公众参与环境保护提供明确的法律支持。

综观上述学者们的研究成果，结合当前实践层面的做法，可以看出，公众参与环境保护已经成为全社会关注的热门话题，成为学者们研究的中心之一。总结学者们的研究成果，可以看出，我国公众参与环境保护的立法和政策制度方面，有如下两个特点：

一是公众参与环境保护立法和政策制度规定日益引起重视。研究成果表明，国家最高层的立法机构已经越来越重视在环境保护的相关立法中以专门篇章阐述公众参与环境保护的问题，国家环保管理部门制定了专门的办法，为公众参与环境保护扫除障碍。来自高层的重视进一步增强了我国社会公众主动参与环境保护的积极性，提高了公众参与环境保护的意识，增强了公众参与环境保护的信心，拓宽了公众参与环境保护的渠道。

二是公众参与环境保护的立法和政治制度制定还存在一些不足。无论从学者们研究理论成果，还是从国家层面的立法和制度规定看，都存在不足。从理论上看，我国环境保护立法的公众参与方面，还存在规定比较笼统，可操作性不够强的缺陷，相关规定符合我国现有国情方面做得不够。从实践层面上看，现有的《公众参与环境保护参与办法》是个试行规定，该规定的内容不够细化，原则性较强，可操作性不够。这些将会在以后的实践中不断得以改进。

总之，我国最高层提出生态文明建设的战略以后，立法机构和各级行政机关根据我国特点，制定了一系列科学的法律和政策制度，这些政策制度增强我国公民对于环境保护重要性的认识，对于保护公众的环境知情权，对于吸引社会公众积极参与环境保护是重要的驱动力。

雾霾污染是公众感受最为直接的环境污染问题，一直是社会关注的热点问题。在相关的法律政策制度支持下，我国公众参与雾霾污染的治理热情必将被点燃。这些具有激励性的法律和政策制度将会产生巨大的推动力，形成社会公众参与雾霾治理的内驱力，拉动社会公众积极投身到雾霾治理的实践中。通过充分发挥每个人的聪明才智，从每个人自身做起，会大大促进我国雾霾治理水平的提升。也就是说，环境污染方面的立法和政策制度规定是促使公众参与雾霾治理的重要拉力机制，这种拉力机制的建立有利于我国雾霾治理活动顺利开展。

五、政府职能转变的需要

政府职能转变，是指国家行政机关在一定时期内，根据国家和社会发展的需要，对其应担负的职责和所发挥的功能、作用的范围、内容、方式的转移与变化。政府职能转变的必然性，是由影响政府职能的诸多因素所决定的。我国政府职能转变的战略目标包括：按照社会主义市场经济要求，实行政企分开；加强宏观调控部门，建设专业经济部门，加强执法监督部门；调整行政部门职责权限，明确部门间的职责分工。

党的十八大以来，将转变政府职能，提升政府行政效率提升到前所未有的高度。转变政府职能迈出了新的步伐，取得了新的成效。十八大提出，要实现由管理型政府向服务型政府的转变。为此，首先必须站在全局高度，深化行政管理体制改革，以科学发展为主题，以转变经济发展方式为主线，正确处理政府与市场的关系，使得政府管理的“有形之手”与市场机制的“无形之手”有机结合起来。其次要以改善民生为出发点和落脚点，进一步强化政府公共服务职能，加快健全基本公共服务体系，建设人民满意的服务型政府。最后要强化政府社会管理职能，创新社会管理方式，形成党委领导、政府负责、社会协同、公众参与、法制保障的社会管理体制。

显然，政府职能转变，给公众参与社会管理提供了新的契机，也是促使公众参与社会管理的动力，能够给公众参与社会管理提供强有力的拉力。在政府职能转变的大背景下，必将使得公众参与社会管理的热情得到很大释放。通过政府行政管理职能的转变，我国政府行政管理的效率得到大幅度提升，人民群众的幸福感也得到大幅提升。

学者们对于政府职能转变后，公众如何更好地参与社会管理，行使公民权，进行了深入研究，取得了一系列重要的研究成果。

有学者探讨了杭州社区参与式管理的经验，主要体现在城市政府与多元社会主体形成多元复合的网络化治理结构，而社区社会空间在多层次的公众参与形式中生成组织化。同时存在一些问题，主要表现在：政府向社会赋权不足、公民社会中社区治理主体的自治性不足（陈剩勇等，2013）。也有研究针对当前公众参与社会管理过程中暴露出的参与意识薄弱、整体素质不高、制度供给不足、参与渠道不畅、政府职能转变不到位和组织化程度偏低等问题，提出要加强制度建设，提升公众参与能力（朱慧卿，2011）。有的研究表明，环境保护是政府必须履行的基本职能，而当前政府在环境保护方面存在着不足之处，因此政府需要创新社会管理方式，实现以管理为主导的政府垄断模式向多元主体共同参与的治理模式的战略转变（李妍辉，2011）。有学者认为，我国政府在制定权力清单方面应该加强顶层设计、扩大公众参与（郑俊田等，2016）。还有学者认为，推动公众参与环境保护是政府职能转变、提升公共治理能力的需要。在推动环境保护公众参与方面，重点要实现环境保护公众参与方面的治理结构、制度体系、运行机制和功能水平的科学配置（沈佳文，2015）。

有学者提出，社会管理创新，需要转变政府职能，增强公众参与意识（夏莹，2013）。要实现国家治理体系现代化，需要重视公众参与。要从政府、社会和公民三方关系入手，转变政府职能，降低社会组织门槛，培育公民理性精神，对公众参与国家治理的路径进行完善，才能取得预期效果（尹少成，2016）。

公众参与信息质量评估是推进政府职能和治理方式转变的内在要求（谭健等，2011）。有学者从转变政府职能的角度，对环境审批制度改革存在的问题进行了剖析。在此基础上，提出加强环境审批监管、解决环境审批改革措施与现有法规冲突的方法（晋海等，2015）。有学者提出，要加快政府职能转变，为公众参与社会管理创造条件，同时要加强公众参与社会管理的机制建设（刘柳珍，2011）。网络时代，政府职能转变出现了新的取向，要注重对公民负责、推行开放式管理、倡导行政过程的民主参与、树立政府诚信（杨国栋，2010）。当前我国服务型政府建设中存在公众参与不足的现象，需要加强对服务型政府理论的积极探索，做出总体部署和安排（彭向刚等，2011）。在生态文明建设的背景下，政府应该积极转变职能，积极推动公民参与生态文明建设（王从彦等，2015）。有学者提出，新型城镇化背景下，政府职能的转变，需要构建府际政策协调机制、政府与市场合力机制、官方—民间合作机制，以此实现新型城镇化的目标（钱再见，2013）。通过政府购买服务的方式，为公众参与社会管理提供一种新的方式（宋国恺，2013）。

综观学者们的观点，可以看出，当前我国实现政府职能转变方面已经取得了许多进展，但也存在不足，学者们对于如何转变政府职能，保障公众参与的效果也提出了一系列观点。结合学者们的研究成果和我国转变政府职能的需要，可以得到以下一些结论：

一是我国只有实现政府职能转变，才能适应新形势下政府管理的需要。很显然，新的形势下，我国的政府管理模式由原来的重管理、轻服务向以服务为主转变。这种新的管理模式，需要政府改变现有的治理方式，适当分权，管确实需要政府管理的事情。政府的主要任务是服务，为社会公众的生产生活提供一个服务平台，做好服务工作。同时，政府在吸收公众意见的基础上，制定一系列规则。政府负责监督各个社会主体按照规则行事。对于可以由市场决定的事情交给市场去办。李克强总理多次强调，政府现在要精简审批程序，将可以由市场自行调节的事务交由市场处理。本届政府已经精简了一大批审批事项，实现政府审批事项精简的目标。

二是政府职能转变必须要吸收公众参与才能取得成效。政府归根结底是为公众服务的，政府为公众服务的成效如何，公众最有发言权。以往政府许多决策脱离了群众，尽管政府尽心尽力完成许多工作，仍然没有得到公众的理解和支持，主要原因是吸引公众参与方面做得不够。在新的形势下，政府职能转变要取得实实在在的成效，必须重视公众的力量，重视公众参与对于推动政府治理能力现代化，对于推动政府工作效率提升的重要作用。只有在政府职能转变的过程中，始终注重与人民群众的联系，倾听群众的呼声，才能做出符合群众期望的决策。决策实施过程中，需要社会公众的广泛参与，提升公众参与意识，提升公众参与能力，拓宽公众参与渠道，建立有利于于公众参与社会管理的机制，才能让政府职能转变落到实处，取得应有的效果。

三是政府职能转变是拉动公众参与社会治理的内驱力。政府职能转变是中共从大局出发，为了提升我国政府工作效率，更好实现全面建成小康社会目标而做出的英明决策。政府职能转变的过程，也就是政府、社会、公众关系重新调整的过程。政府职能的转变，会产生一种驱动力，这种驱动力将大大促进公众参与社会治理的实践中。当今社会，环境保护问题已经成为社会关注的焦点问题之一。社会公众对于环境质量的要求达到了前所未有的高度。其中，雾霾污染是人们关注的焦点之一。政府职能的转变，将会对公众参与环境保护的意识提升起到促进作用，有利于参与环境保护，特别是雾霾治理的积极性的提升。总之，政府职能的转变，是公众参与雾霾治理的重要拉力，这样一种拉力机制有利于公众参与雾霾治理能力的提升。

六、媒体、学术研究和国际组织等机构形成的外部拉动力

通过媒体宣传环境保护中的正面的积极的做法，可以激发社会公众自觉参与环境保护的热情，增强社会公众参与环境保护的能力。吸引社会公众自觉投身到环境保护，乃至雾霾治理的实践中。比如媒体宣传后，人们自觉减少开私家车的次数，多坐公交车，能够有效减少污染。媒体宣传，能够普及环境保护知识，让社会公众知道环境保护的重要性，能够自觉减少污染物的发生。比如，媒体报道，塑料袋100年才能降解，每年我国民众浪费的粮食相当于2亿人的口粮，垃

圾分类的知识等有助于人们更好地进行环境保护工作。另外，媒体曝光一些环境保护的反面典型，能够警示社会公众不要犯同样的错误，能够引起国家相关部门的重视，查出违法行为，有助于我国环境质量的改善。比如，央视《焦点访谈》栏目多次曝光环境违法事件，督促国家有关部门进行查处，取得了很好效果。总之，现在随着各种新媒体的出现，媒体在环境保护中起到越来越重要的作用，能够很好地发挥促使公众参与环境保护的拉力作用。

学术研究机构从学术角度研究我国环境保护过程中取得的成绩，存在的问题。通过对国内外政府、学术机构、社会组织、公众等从事环境保护的实践调查，得出一些科学结论，提出一些新的措施和观点方法，有助于政府部门的决策，也有助于公众从中得到一些有益的可操作的措施。学术机构的关注，能够让社会公众更加科学地了解我们这个世界面临着哪些环境问题，产生这些环境问题的内外部因素；如何通过努力让我们的环境保护不走弯路，达到我们期望的目标。学术研究的成果会推动整个社会更加关注环境问题。因为学术研究的权威性，其成果更加容易被社会公众接受。比如学术研究结果指出，环境污染直接导致一些恶性案件的持续发生。有些地方出现的癌症村与当地严重的环境污染密切相关。通过科学的学术研究，能够找出影响某个地域环境质量的主要因素，有助于做出相应的应对之策。很显然，学术研究的成果对于促使社会公众积极参与到环境污染的防治工作中，特别是参与到雾霾治理的实践中，也有非常强大的外部拉动力。

国际组织具有非常强大的国际影响力，有的国际组织做出的决定具有普遍约束性，对于各个成员国有非常强大的约束力。著名的国际环境保护方面的组织有：联合国环境规划署，成立于 1973 年 1 月，是领导世界环境保护运动的专门机构。环境规划署负责协调各国在环境领域的活动，已经主持召开了多次联合国环境与发展大会，使得国际社会签订了多项保护环境的协议和公约。国际环境情报网，成立于 1973 年 1 月，主要包括全球监测系统和国际环境资料来源查询系统。建成系统拥有 3 万多名科学家和技术人员，来自全球 140 多个国家，他们通过人造卫星等现代工具昼夜监视全球气候变化、污染及其对健康、自然资源和海洋的影响。绿色和平组织，1970 年建立，主要通过包括冒险行为在内的实际行动保护环境，以此拯救地球。绿党，主要是 20 世纪 80 年代以后逐步发展起来的，西方许多国家如美国、英国、法国、意大利等国都成立了绿党，绿党主要以保护环境为己任，西方的绿党已经逐渐被社会接纳，进入到政府决策层，对政府环境决策产生了很大影响。西欧的保护生态青年组织，成立于1988年，宗旨是组织各国青年人一起联合起来保护生态。国际自然和自然资源保护协会，是由各国政府、非政府组织、科学工作者及自然保护专家联合组成，致力于保护自然环境和生物种群。

随着全球化步伐的加快，人们越来越认识到环境保护具有全球性特征。人类只有一个地球，保护地球环境是全世界各国的共同义务，这已经成为越来越多人的共识。国际组织经过努力，推动了一批国际协议的签订。最著名的是1992年6月4日在巴西里约热内卢举行的联合国环境与发展大会通过的《联合国气候变化国际公约》。这是世界上第一个为了全面控制二氧化碳等温室气体排放，以应对全球气候变暖给人类经济和社会带来不利影响的国际公约。从那以后，很多国际组织根据自己的职责和宗旨，为全球环境保护做出了巨大的努力，取得很大成就。国际组织，特别是与环境保护相关的国际组织，它们的存在是全世界重视环境保护的重要标志和保障，它们的工作将会产生巨大的国际影响，对于我国社会公众积极参与环境保护，参与雾霾污染治理，带来巨大的外部拉力，形成强大的外部拉力机制。

本章小结

本章从雾霾治理的公众参与的拉力机制和推力机制两个方面阐述了我国雾霾治理过程中公众参与的动力来源。通过本章分析可以看出，我国雾霾治理的过程中既有外部的拉力，也有来自于内部的推力。这两种合力的综合作用，为我国雾霾治理的公众参与提供了取之不尽用之不竭的动力来源。

第十章　雾霾治理的公众参与机制的构建

第一节　雾霾治理的公众参与的主体和客体

现代汉语词典将“公众”界定为“社会上大多数的人”，“参与”界定为“参加或者参与”。作为行政法的公众参与，主要是指与行政权力运作的过程和结果有关的公民、法人和其他组织参与到行政决策和决定中，表达利益诉求以期最终影响结果的行为。

一、雾霾治理的公众参与的主体

在我国，对于环境保护参与主体，特别是对于雾霾治理的参与主体没有明确的界定。我国法律对于公众参与环境保护主体的规定散布于各项法律规定之中。2015 年 1 月实行的新的《中华人民共和国环境保护法》第六条规定，一切单位和个人都有保护环境的义务，公民应当增强环境保护意识，采取低碳、节俭的生活方式，自觉履行环境保护义务。这里所指环境保护主体包括一切单位和个人。社会公众是指所有个体。2015 年修订的《中华人民共和国大气污染防治法》第七条规定，公民应当增强大气环境保护意识，采取低碳、节俭的生活方式，自觉履行大气环境保护义务。这里将公民个体作为参与雾霾治理的主体。2015 年，环境保护部出台了《关于推进环境保护公众参与的指导意见》。该《意见》规定，环境保护公众参与是在指公民、法人和其他组织自觉自愿参与环境立法、执法、司法、守法等事务以及与环境相关的开发、利用、保护和改善等活动。按照这份文件的规定，公众参与环境保护，雾霾治理的主体应该包括公民、法人和其他组织。

（一）雾霾治理参与主体的公众的范围

准确界定参与主体的公众范围很有必要。因为一件雾霾污染的事件发生以后，影响到的公众范围基本固定在某一个区域。如果公众参与的范围太大，会给操作上带来困难。比如北方地区冬天取暖导致雾霾污染加重，如果将公众参与雾霾治理的范围扩大到全国，显然不切实际。但是公众参与雾霾治理的主体范围如果太窄，同样不利于雾霾治理的成效。比如北京奥运会期间，如果只是北京市机动车限行，进行大范围环境污染整治，而周边省份不行动，则北京市环境质量达不到奥运要求的水准。这是因为环境问题有流动性。特别是大气污染和水污染流动性较强，必须选择合适的雾霾治理公众参与主体的范围，才能取得成效。

对于界定公众参与的范围，有学者认为应该是直接利益相关者；有学者认为应该扩大公众的定义；有学者则认为，应该扩大公众范围。原因在于，首先，环境产品的公共性和环境污染的外部性使得受影响方不单单是直接利益相关者，如果剥夺间接利益相关者的参与权是不公平的；其次，我国的现实决定也要扩大公众参与的范围（王佳，2007）。由于多年来的传统，我国民众形成了“厌诉”心理，使得公众参与的动力不足，而环境保护由于外部性的存在，使得个体参与直接感受到的是成本付出而不是得到现实的回报。比如一条河流受到污染，下游的某个个体没有足够的动力和财力去治理污染。同时如果个人花大力气治理污染，成果不是仅仅由个人享受。这决定了公众参与的动力不足。

这种情况下，公众的参与主体范围应该扩展到间接利益相关者。

此外，还有很多学者们对于雾霾治理公众参与主体进行了相关的研究。有学者总结了我国环境保护过程中公众参与主体方面存在的问题：环境立法方面公众参与主体结构失衡，环境影响评价方面，公众参与主体的规定不够具体，环境诉讼中公众参与的诉讼主体资格受到限制（杨冬，2015）。还有学者分析了南宁市大气污染治理中的公众参与问题，认为南宁市大气污染治理中公众参与的主体趋于组织化，民间组织成为公众参与大气污染治理的主导者（谭奕，2013）。还有学者认为，公众参与环境保护的主体主要包括：民众、社会组织、国际组织（卓光俊，2012；刘媛媛，2015）。非政府组织作为公众环保利益的代表，与公众个体一起都是环境保护的主要推动力量，当然也是雾霾治理公众参与的主要主体之一（廖琴，2016）。

本书认为，公众参与环境保护特别是参与雾霾污染治理的主体包括几个方面：普通民众、社会组织、新闻媒体、国际组织和专家群体。民众是雾霾治理参与主体的主要组成部分，包括普通社会大众。普通民众参与雾霾治理主要通过约束自己的日常行为，检举环境不法行为进行。比如减少垃圾产生，减少私家车开行次数，对于周围环境污染事件进行检举劝导等。

民间环保组织作为雾霾治理的公众参与主体，主要是发挥组织性的力量，对环境违法行为进行检举，或者参与环境公益活动，参加环境公益诉讼等。

现代社会，传播媒介日益显示出多样化的趋势，媒体发挥的作用越来越大。将新闻媒体纳入参与雾霾污染治理的公众的一部分，有利于充分发挥媒体的作用。媒体由专业的队伍组成，具有信息收集的专业性、便利性，传播信息的快速性、广泛性和权威性特征。我们了解的许多信息都是通过媒体披露出来的。媒体在雾霾治理中，可以充分发挥自身的优势，广泛深入地进入一些已经发生雾霾污染的区域进行调查，披露事实真相，引起相关单位重视。媒体还可以组织相关专家开讲座，广泛宣传环境保护和雾霾防治知识，让普通大众认识到公众参与雾霾治理的重要性，认识到个体在雾霾治理中所起到的作用，知道该如何做。媒体通过对正面典型的报道，激励普通民众积极参与到对雾霾治理的实践中，媒体通过对反面事例的报道，揭露雾霾治理中存在的问题，警示有关导致雾霾污染的企业和个人注意自己的行为，警示政府相关监督部门更加严格科学执法。

国际组织作为更大范围的雾霾治理公众参与主体主要是从全球角度提出相关的建议，组织大范围的行动。专家作为主体主要是提高专业技术和知识支持，包括技术专家和法律专家。技术专家是对于环境污染，特别是雾霾污染情况非常熟悉的技术人才。他们非常熟悉导致雾霾污染的主要原因，熟悉防治雾霾污染需要哪些具体的工作，特别是公众可以做哪些具体工作。此外是法律方面的专家，他们非常熟悉哪些法律法规支持社会公众参与到雾霾的治理中，知道关于雾霾治理的法律法规还有哪些欠缺，从而能够提出法律法规方面的建议。这两部分专家团队是公众参与雾霾治理的精英力量。充分发挥他们的力量有利于公众参与雾霾治理工作的顺利开展，有利于取得好的效果。

（二）主体的权利和义务

公众参与雾霾治理的权利应该包括知情权、参与决策和决定权、检举控告权及寻求司法救济权。知情权表现在公众有获取雾霾污染相关信息并且使用这些信息的权利。要获得这样的权利，必须加大政府信息公开力度，保障公民能够顺畅地获得雾霾污染的信息。比如国家环境保护部历年发表的《中国环境状况公报》就是公开的一种具体形式。参与决策和决定权指公民能够以法定的形式参与环境立法，并且对环境决策和决定提出建议和意见，能够依法参加环境决策和在听证会发表意见等。雾霾污染是环境污染的重要组成办法。雾霾治理的公众参与和决策权，就是在国家制定相关大气污染防治法律法规时，应该给社会公众充分的参与权，参与对相应法律法规的制定讨论中，能够参加各种有关雾霾治理的听证会，保障公民充分发表意见的权利。检举控告权，指公众能够对违反环境保护，特别是雾霾治理的相关规定的个人和企业行使监督权，能够将相关的违法事实向上级有关部门举报，并监督相关部门严格依法处理的权利。

参与雾霾治理的公众主体除了具有必要的权利之外，还应该承担起相应的义务。本书认为，主要义务有三个方面，一是要遵守相关的法律法规的规定，比如在法律许可范围内行使自己的检举权，不能超出法律规定，不能在网络上随意编制谣言，制造所谓的轰动效应。二是从自身做起，通过自己的实践，为改善环境，减少雾霾污染做出自己的贡献。比如自己少开车，空调温度定在合适的范围，不浪费粮食，不乱丢垃圾等。三是需要不断学习，提升自身参与雾霾治理的能力。现在随着人们环境保护意识的增强，越来越多的人愿意参加到雾霾治理的过程中。如果要提升公众参与雾霾治理的实践效果，提升公众的参与能力是必不可少的。比如要掌握相关的法律知识，雾霾的成因是什么，雾霾治理需要从哪些方面入手等知识，个人需要掌握哪些技能，才能提升参与雾霾治理的效果。这些方面的知识和能力需要不断学习才能得到。这是有志于参与雾霾治理的公众需要遵守的一项义务。

二、雾霾治理的公众参与的客体

客体一词，按照现代汉语词典的解释有两种意思，一是哲学上指主体以外的客观事物，是主体认识和实践的对象；二是法律上指主体的权利和义务指向的对象，包括物品、行为等。学者们对雾霾治理公众参与的客体的直接研究成果很少，间接研究成果有一些。

有学者认为，环境知情权的客体是环境信息，具体包括环境信息的内涵、环境信息的形式范围、环境信息的实质范围、环境信息的例外规定几个方面（肖薇薇，2009）。阐述了我国环境法中的公众参与具有普遍性、系统性、程序性和约束性特征。有学者认为，公众监督是公众参与的内容之一，公众监督的客体包括：对污染和破坏者的监督、对执法部门的监督、对政府的监督（邓庭辉，2004）。还有学者提出了灾后基础设施重建中公众参与的行为框架，认为灾后基础设施重建中公众参与的客体包括两个层次：一是建设程序层面，包括规划、决策、实施、验收与评价等阶段；二是重建对象层面，即电网、公路、铁路、民航、城镇供水和污水处理、通信等领域（段志成等，2013）。

根据学者们的研究成果，本书认为，雾霾污染治理过程中公众参与的客体应该是公众参与雾霾治理指向的对象，就是雾霾污染的行为。公众可以通过检举权、知情权、监督权、参加听证会提出建议方式对雾霾污染的行为产生影响。

第二节 雾霾治理的公众参与的层次、方式和渠道

学者们对雾霾治理过程中公众的参与层次、方式和渠道进行了一系列相关研究，取得了一系列研究成果。有学者通过对成都市公众的调查数据分析，发现成都市公众参与大气污染治理活动中表现出参与途径和参与方式单一的情况。目前公众参与的途径和方式归结为表达意见或采取低碳生活方式两种（万将军，2012）。还有学者研究了机动车限行的行政法问题，认为机动车限行需要公众参与才能取得满意效果，而公众参与方式包括听证制度、公开征求意见和专家论证三种（刘成伟，2016）。有学者研究了南宁市大气污染治理中的公众参与问题，结果表明，公众参与的渠道比较狭窄，主要是公众获取信息的渠道受到了限制（谭奕，2013）。

有学者认为我国公众参与环境监督渠道乏力。为此，需要建立和完善公众参与的渠道。包括听证机制、对话协商机制等，运用现代媒体，畅通政府、企业和公众的沟通联络渠道，畅通群众环境利益表达渠道（陈青祥，2015）。也有研究表明，由于我国大气污染治理中存在末端管理、信息不对称和环保非政府组织自身能力薄弱等缺陷，使得我国大气污染公众参与的渠道缺乏（任孟君，2014）。

有学者提出，我国当前的雾霾治理的公众参与途径包括这样几种：议案式参与、公示及听证式参与、咨询调研式参与、窗口式参与、信访式参与、活动式参与、媒体式参与（杨艳东，2011）。还有研究认为，我国当前公众参与环境治理的渠道不畅，应该健全公众参与环境保护与治理的法律体系（李维维，2015）。

从学者们研究成果看，当前对于我国雾霾治理中公众参与的层次、方式和渠道关注度还不够，取得的研究成果也不够丰富。综合学者们的研究成果，本书认为，雾霾治理是关乎我国环境质量能否持续改善的重大课题，直接关系到人民群众的幸福感。雾霾产生有许多人为的因素，与社会公众的行为密切相关。所以雾霾治理也需要动员全社会力量积极参与，才能取得应有效果。当前，我国相关的法律法规还不够完善，社会公众对于雾霾危害程度的认识，特别是对于公众在雾霾治理中能够发挥的作用的认识还不够深入。这些因素导致目前我国社会公众环境知情权不能够得到很好发挥。所以我国雾霾治理的公众参与制度中，公民参与的层次处于较低水平，现在基本上公众参与雾霾治理处于最低的层次，即举报相应的雾霾污染层面。

本书认为，雾霾治理公众参与层面至少包括低层面和高层面。低层面是被动的，比如对污染形成之后的举报，阻止相关污染形成，看到相关污水、废气排放单位正在实施非法行为，进行阻止。高层面的雾霾污染治理的公众参与应该是主动介入。主动学习宣传环境保护知识，主动调研相关区域雾霾污染状况，主动加入相关环保组织，充当志愿者，积极参与雾霾污染的整治；主动约束自己的行为，如减少私家车出行次数；主动向政府相关部门提出合理化建议等。

雾霾治理的公众参与方式和参与渠道除了上述学者列出的方式之外，本书认为，现在处在一个网络时代，充分利用网络传播相关的雾霾治理理念和知识，在法律允许范围内，充分运用网络披露相关环境违法事实，运用网络提出相关的建议，发起相关的倡议，是一种新的公众参与雾霾治理的方式。

第三节　雾霾治理的公众参与的原则与程序

程序，按照现代汉语词典的定义，是指事情进行的先后次序。有学者认为，程序是实现公众参与的必然要求。程序是公众有效参与环境保护的必要保障（吕忠梅，2015）。没有程序保障的公众参与环境保护制度是盲目的，没有权威性的，不能稳定健康持续进行。目前许多地区公众参与环境保护的热情很高，由于缺乏程序规定，出现盲目性和过度参与的现状。比如私下组织一些人盲目围堵政府大门，阻止一些环境保护设施的建设，这种做法就是盲目性的体现，不会取得好的效果。

发达国家非常重视程序在保护公众科学参与环境保护方面所起的作用。比如，美国联邦环保局对公众参与环境保护规定了具体的方法和程序。从参与形式和方法来说共有 5 种：信息交流、咨询、互动交流、协作、授权决策。每一种都规定了具体的内容和方法。美国波特兰市将规划草案制定分为 12 个步骤：公众接待日、走访、书面调查、画出草图、公众展示、召开公众座谈会、听取三方小组的意见、技术咨询评估、修改规划草案、规划局听证、议会审议和听证。显然，正是这样严格的程序规定保证了公众参与规划的科学进行。有学者认为，目前我国公众参与环境保护的组织体系和程序不够完善，使得公众参与环境保护经常流于形式（陈昕等，2014）。还有学者认为，当前我国南海海洋环境保护公众参与的过程中，公众参与的程序不够完善（梁亚荣等，2010）。

从学者们的研究成果看，至少可以发现两点：一是程序的科学性对于保障环境污染治理，包括雾霾污染治理的效果是非常必要的。只有程序科学合理，才能保障公众能够科学地参与到雾霾治理的进程中，从而保障雾霾治理的效果。二是我国对于雾霾治理的程序方面还处于基本空白状态。显然这不利于我国雾霾治理取得应有的成效。目前，我国对于雾霾治理的公众参与没有具体的规定。比较相近的一部规定是 2015 年 7 月 2 日由环保部制定通过的《环境保护公众参与办法》。这部办法中只是说环境保护公众参与要遵循有序的原则。至于如何做到有序并没有明确的规定。

本书认为，借鉴发达国家的做法，我国雾霾治理的公众参与过程想要取得理想的效果，应该在公众参与的程序方面做出科学的规划和规定。《环境保护公众参与办法》规定，环境保护主管部门可以通过征求意见、问卷调查，组织召开座谈会、专家论证会、听证会等方式征求公民、法人和其他组织对环境保护相关事项或者活动的意见和建议。公民、法人和其他组织可以通过电话、信函、传真、网络等方式向环境保护主管部门提出意见和建议。可以看出，该办法中对于公众参与雾霾治理的方式规定了多种。很显然每种事项不能遵循同样的程序，不同类型事项应该设定不同的程序。比如召开听证会至少需要做到这几个环节：发布听证会相关信息、公众报名、公众资格审查、举办听证会、听证会结果公布征求意见等。专家论证会、座谈会等也要制定相应的程序。公众对于环境问题的举报也需要设定一些程序，包括：举报渠道设定，举报需要提供的资料，举报结果的核查，举报后的措施反馈，举报者的奖励等。这样才能保障我国雾霾治理公众参与取得预期的效果。

第四节　雾霾治理的公众参与的原则

原则，按照现代汉语词典定义，是指说话或行事所依据的法则或标准。学者们对雾霾治理的公众参与原则进行了相应的研究。目前，对于雾霾治理的公众参与的原则研究很少，学者们主要对于环境保护的公众参与原则进行了相关的研究。

有学者提出，目前人们对公众参与环境保护的原则认识存在分歧，主要原因是对该原则理论基础的研究不够（杨沛川等，2009）。有学者则认为，我国环境立法中对公众参与原则的规定不够完善，没有达到法律和社会的预期（王娜，2011）。还有学者认为，公众参与原则是指在环境保护领域中一切单位和个人都有权通过一定的程序和路径，参与与其环境权益相关的活动。公众参与从内容上说应该重点包括几个部分：公众参与环境影响评价；公众参与环境许可听证；公众参与环境行政立法和决策。但当前我国环境保护的公众参与原则在实践中还存在一些缺陷（张津，2012）。也有学者认为，完善我国环境保护的公众参与原则应该从几个方面入手：明确公民的环境参与权、加强公民的环境保护教育和完善环境信息公开制度（刘洪，2009）。

有学者从法哲学、法社会学的角度探讨了公众参与环境保护原则的法理基础，认为环境问题的特点是确立公众参与原则的关键（胡颖铭，2007）。也有学者以厦门二甲苯化工项目为例，分析了我国环境公众参与原则存在的弊病：公众参与的范围较窄、方式和内容在立法中原则而抽象、参与程序的可操作性不够强、公民环境法律权利的缺位、环境与发展决策中法律机制的缺失（白利萍，2009）。另一项研究表明，雾霾治理中的公众参与原则指在对雾霾污染治理的过程中，公众享有通过一定程序或途径参与有关雾霾立法，参与一切与大气环境利益相关的决策和听证，参与大气环境管理并对大气环境的有关行为进行监督的权利。按照他的观点，公众参与原则包括预案参与、过程参与、末端参与与行为参与（高阳阳，2017）。

综上所述，学者们主要是从环境保护公众原则入手进行研究，对于雾霾治理的公众参与原则研究内容较少。综合现有的观点，对公众参与原则的理解分为两个层面，一个层面侧重于“公众参与”，即“公众参与”要参与哪些内容，重点是什么等；另一个层面侧重于“原则”，即在公众参与环境保护的过程中，应该遵守哪些原则性的规定。本书所指的雾霾治理公众参与的原则，主要是指雾霾治理公众参与过程中需要遵守的依据和标准。本书认为，雾霾治理过程复杂而漫长，需要广大社会公众持续、全面科学参与才能取得应有成效。所以雾霾治理的公众参与需要遵守以下原则：

一是合法性原则。公众参与雾霾的初衷是好的，参与热情应该鼓励。但公众参与环境保护特别是雾霾污染治理过程中需要注意合法性。现在许多地方政府为了经济社会发展的需要兴建一些工业项目和环境保护项目。当地一些民众从主观意向出发，甚至听信一些人的谣传，认为新上的项目有多么严重的污染，对人体有多大的伤害，于是不分青红皂白，聚众闹事，阻止新项目上马，不仅造成了严重经济损失，扰乱公共秩序，也触犯了国家的相关法律法规，有些人被依法进行处理。这种公众参与更多体现的是盲目性，根本达不到应有的效果。这样的事例时有发生。这其中固然有政府部门宣传不及时、不彻底、信息不透明的因素，也有某些新上项目确实会带来较为严重的环境问题的因素。但不能否认当地有些居民没有意识到公众参与环境保护需要遵守合法性原则，这是造成事件发生的重要原因。所以，我国公众参与环境保护，特别是参与雾霾治理的过程中，必须对国家相关法律法规进行认真学习，及时了解相关信息，在合理合法的范围内，行使公众参与权，这样才能取得比较好的效果。

二是科学性原则。雾霾形成的原因非常复杂，到现在还没有完全搞清楚。许多专家学者正在对雾霾形成的根本原因、如何科学治理雾霾等重大课题进行研究。在这些问题没有完全清楚之前，我们社会公众参与雾霾治理更应该遵循科学性原则。按照现有的研究成果和治理雾霾的国家规定进行才能取得比较好的效果。现有的研究成果表明，雾霾主要由工业生产产生的废气、建筑扬尘、汽车尾气、日常燃烧煤炭等行为产生的有毒有害气体，以及一些气候因素组成。国家也出台了一些文件，如《大气污染防治办法》。作为社会公众，需要了解现有状态下，雾霾产生的这些主要原因，从自身做起，采取科学方式，参与雾霾治理方能取得完美效果。比如日常上班尽量使用公共交通工具，冬季取暖设施改造等。在单位积极参与技术研发，提升技术含量，使用能够产生更少有毒气体排放的设备等。

三是持续性原则。雾霾不是一朝一夕形成的，雾霾的治理也不可能通过突击取得一劳永逸的效果。即使现在采取突击的方式，取得一时的效果，如果不注意持续治理，雾霾污染会卷土重来，危害程度会不降反升。比如 2008 年北京奥运会期间，采取强烈的措施，北京地区重现了久违的“奥运蓝”，后来出现“APEC 蓝”，但这段集中整治的时间过去后，雾霾天气又频频出现。这充分说明雾霾治理不可能一蹴而就。雾霾治理必须有耐心，应认识到雾霾产生的复杂性，雾霾治理的长期性。作为社会公众，必须持续参加雾霾治理，才能保障雾霾治理效果不反弹。因为雾霾形成的原因还没有完全搞清楚，我们必须时刻重视雾霾治理，不可以一时严格、一时放松。

四是参与能力提升原则。雾霾治理的公众参与仅有热情是不够的。要想保障雾霾治理的效果，需要社会公众有很强的雾霾治理意识，同时有比较强的雾霾治理知识和雾霾治理能力才能达成预定目标。但目前，我国社会公众雾霾治理意识还是不够强。许多人认为雾霾的形成与己无关，所以日常生活中的不自觉的行为无形中成为加强雾霾污染的推手。比如喜欢吃烧烤，喜欢自驾游，这些习惯都会导致有毒气体的排放量增加。雾霾治理知识方面，许多人缺乏，比如简单的垃圾分类知识，许多人还不能掌握。雾霾治理的能力方面，欠缺者更多。绝大多数社会公众并不了解我国现有的关于雾霾治理的法律法规，当然依照法律法规规定参与雾霾治理就无从谈起，有时甚至还发生违法行为。比如有的公共场所明令禁止抽烟，但有的人视而不见，其实这是一种违反国家规定的行为。实际上，我国烟民数量全球第一，香烟燃烧过程中产生几十种有毒有害气体，不仅危及自身身体健康，也是导致雾霾的一个原因。由于雾霾参与能力欠缺，许多社会公众缺乏为国家相关环境保护方面的法律法规建言能力，缺乏参与听证会时准确及时地发表自己建议的能力。所以，雾霾治理能力必须要提升。公众平时应该注重学习，提升自己的雾霾防治意识，提升自己对雾霾治理的知识，提升自己参与雾霾治理的能力。

五是协作原则。雾霾治理是一项系统性工程，这是与雾霾的特点密切相关的。因为雾霾形成的因素复杂，雾霾具有很强的流动性。如果一个地方雾霾治理好了，其他地方不治理，则其他地区的雾霾很容易流动到已经治理好的地区。所以雾霾治理必须重视协作，才能取得较好的效果。本书认为，雾霾治理的公众参与的原则中，协作包括两个层面，一个是外部协作，指个体的公众与雾霾治理其他主体的协作，政府、企业乃至于其他国家、国际组织的协作；另一个是内部协作，个体公众与其他公众的协作。通过外部协作，可以充分发挥政府、企业和社会公众、社会公益组织在雾霾治理中各种的作用，通过互补，取得雾霾治理的好的效果。比如与其他国家协作，可以获取其他国家雾霾治理的经验，以及雾霾治理的先进技术，从而有助于本国雾霾治理的质量提升。内部协作，指个体公众参与到雾霾治理的过程中，需要与其他公众进行合作。显然，这样社会个体的力量完全不能与集体力量相提并论。个体要想在雾霾治理过程中发挥更大作用，必须与其他个体合作。举例来说，一个个体即使从来不开车，不吃烧烤，所能减少的有毒气体排放也非常有限。但如果与他人合作，动员更多的人都减少私家车出行，都不吃或者少吃烧烤，少抽烟，那么效果就会截然不同。

本章小结

本章论述了雾霾治理过程中公众参与的主体和客体、层次和渠道、原则和方式。通过本章描述，对于公众参与雾霾治理机制中哪些主体参与，公众参与雾霾治理的对象，公众参与雾霾治理的层次和渠道，公众参与雾霾治理过程中应该遵守哪些原则等方面有了清晰的认识。这有利于雾霾治理公众参与工作的顺利开展。

第十一章　雾霾治理的公众参与的保障机制

雾霾治理过程中，需要公众的积极参与，才能取得应有的成果。为此需要建立一系列科学的保障机制。

第一节　雾霾治理的公众参与的政治保障

政治保障是保障公民参与社会管理的各项权利。根据新公共管理理论，政府在社会管理过程中，更多的是扮演掌舵者的角色，要广泛动员社会力量参与公共管理，为此需要对相关主体进行广泛的授权。只有相关主体获得了充分的权利，才能名正言顺地参与到社会公共实务的管理中。比如公民的选举权、被选举权、监督权和建议权。政治保障就是保障公民的参与权。公民参与权是指公民有依照法律的规定参与国家公共生活的管理和决策的权利，参与权更多与公民行动、公共实践有关系。参与权在宪法上体现为选举与被选举权，在行政法领域体现为听证的权利，行政法也普遍确立了参与作为程序有基本原则。

雾霾治理的公众参与过程中，公众参与权的政治保障主要是通过法律法规和相关的政策保障公众参与雾霾治理的权利，保障公众参与雾霾治理有顺畅的渠道，是环境保护中公众参与的政治保障的重要组成部分。

学者们对我国环境保护中如何确保公众参与权进行了研究。保障公众的参与权对于减少邻避冲突具有明显的作用（曾佳，2014）。公众参与环境保护在制度构架内是人权的扩展与保障，在社会主体上存在广泛性与特殊性的合离（任春晓，2013）。一项对 W 市反垃圾焚烧事件的研究表明，居民的环境知情权和公众参与权被剥夺，导致环境不正义现象，是引起村民不懈抗争的最终原因（吴金芳，2013）。有学者提出，通过法制完善确立公众的环境权的地位，要实现环境信息的公开化，加强环境决策的民主化和监督机制，要保障公众环境公益诉讼和得到赔偿的权利（牛瑞芹，2006）。有学者认为环境法规定的公众参与制度主要包括环境知情权、环境参与权和环境救济权。三者之间相辅相成，不可分割（邢嘉，2008）。也有学者提出，政府履行环境信息公开的义务，对于保障公众参与权的实现，对于建设阳光政府和法治政府有重大意义（范海玉，2013）。

有学者建议制定《文化遗产保护公众参与办法》，以此保障公众在文化遗产保护方面的参与权（李伟芳，2015）。有学者认为，程序环境权是实体环境权的重要保障，而程序环境权的核心是公众参与权。所以要使得实体环境权能够有效实施，应该保护公众参与权（胡婧，2014）。还有学者认为，应该以法律、法规的强制性规定来明确公众参与低碳发展的权利，包括具体内容、范围、形式和程序等（李国平等，2014）。有学者提出明确公民的环境权利是构建环境友好型社会的重要政治保障（周京城等，2006）。国家需要为公民参与环境保护赋予充分的权利，既要承认公民享有生态环境权，也要赋予公民参与生态环境管理的权利，这是实现公民参与环境治理的重要政治保障（于水等，2016）。

有学者研究了实体环境权的困境，认为应该重视程序环境权，这些权利包括环境知情权、环境公众参与权、环境司法救济权（陈海嵩，2015）。通过法律形式完善我国公民环境参与权，为公民参与环境保护提供政治保障。包括在宪法和法律中明确规定公民的环境参与权、保障公民环境知情权、确立环境请求调查权和完善环境诉讼权（蒋红彬等，2006）。公民参与环境影响评价的权利是公民环境权的实现方式。针对现有公民环境权的现状，应该从政府入手，提高公民环境参与意识，完善公民参与权的救济机制（陈勇等，2009）。完善我国环境保护的公众参与，需要在宪法方面明确将环境参与权规定为公民环境权的重要组成部分，在环境保护法中进一步明确环境公众参与的权利。要对现行的环境法规进行修改、细化以保证公众参与环境保护的权利能够实实在在地实施（沈榕等，2016）。还有学者认为应该对《中华人民共和国环境影响评价法》和《环境影响评价公众参与暂行办法》中规定的公众参与权进行完善，包括扩大公众参与环境评价的范围，保障利害关系人的平等参与权等（梁亚荣等，2006）。此外，也有学者针对煤炭领域公众参与现状，提出应该尽快建立煤矿环境公众参与的法律制度，保障公众参与权，为公众参与煤矿环境治理提供政治保障（吴鹏，2013）。

总结学者们的观点可以看出以下几点：

一是公众参与权利的保障是公众能够参与环境保护，包括雾霾治理能够实现的前提。学者们的研究成果中，充分显示出公众参与权利对于环境保护的重要性。显然，只有公众参与的权利得以充分保障，才能谈得上环境保护取得成效，也才能保障雾霾治理取得成效。

二是如何保证公众参与权利的实现方面，主要是通过立法，制定一系列法律法规，或者对现有的法律法规进行完善，明确界定公众参与环境保护的权利内容，行使公众参与环境保护的权利的形式、渠道等。只有这样才能保障公众参与环境保护的权利的实现。还要制定相应的政策，对于公众参与环境保护的参与主体、参与内容、参与途径和参与保障四个方面进行具体界定。

三是认为公众参与环境保护的参与权对建设环境友好型社会有重要意义。当前，我国进入建设资源节约型社会和环境友好型社会的关键时期，保障公众的参与权利，将极大调动公众参与环境保护，包括参加雾霾治理的积极性，激发公众参与雾霾治理的潜能，有利于环境保护取得积极效果。

实践中，已经赋予了环境公益组织公益诉讼权。最高人民法院《关于审理环境民事公益诉讼案件适用法律若干问题的解释》已于 2014 年 12 月 8 日由最高人民法院审判委员会第 1631 次会议通过，自 2015 年 1 月 7 日起施行。

这个规定赋予社会组织公益环境诉讼权。但实践中，这项权利的行使却遇到了困境。据统计，自最高人民法院发布《关于审理环境民事公益诉讼案件适用法律若干问题的解释》以来，全国具有环境公益诉讼主体资格的 700 余家环保组织，仅有中华环保联合会、自然之友和福建绿家园三家提起了 3 起公益诉讼。出现这种情况的原因有两方面。在大量调研的基础上，全国人大代表吕忠梅指出，一是符合法律规定的环境保护团体提起公益诉讼的动力、资源及能力均有不足。由于我国改革开放以来，主要重视经济发展，对于环境保护方面的关注度总体看不如对于经济发展的关注度高。加上有些地方政府过于强调经济发展的速度，某些时候以环境质量的退化作为代价。这种情况下，影响了我国民间环保组织的成长。目前看，我国目前的民间环保组织具有成立时间不长、成员规模有限、资金来源很不稳定等不足，同时国家对民间环保组织提起公益诉讼的具体支持政策不明朗，只有原则性的规定。在民间组织提取环境公益诉讼的过程中缺乏有效的资金机制支持，这成为了阻碍他们进行环境公益诉讼的巨大障碍。二是相关的规定不够具体。最高人民法院的司法解释将公益诉讼划分为“民事”和“行政”两类，明确了环境民事公益诉讼案件的审判程序。但根据环境保护法第五十八条的规定可以看出有些令人困惑的地方。该条规定的“污染环境、破坏生态，损害社会公共利益的行为，符合条件的社会组织可以向人民法院提取诉讼”。这是否包括有相应职权的行政管理部门违法作为或不作为？这方面的规定如果更加清晰，将有利于环境公益组织的诉讼开展，有利于监督相关政府部门的不作为。

本书认为，参与雾霾治理的公众主体包括普通公众、社会组织、国家组织、专家、新闻媒介。上述法律对于社会组织参与雾霾治理的公益诉讼权进行了规定，这是一个重大的进步。如何对其他参与主体的雾霾治理中的公众参与权进行保障，需要进一步完善相关规定。

现有的规定中，《环境保护公众参与办法》由环保部2015年公开发布。该《办法》第五条规定，环境保护主管部门应依法公开环境信息，广泛征求公众意见，及时回应或反馈公众的意见、建议和举报，为公众参与和监督环境保护工作提供服务和支持。第六条规定，公众依法享有获取环境信息、参与和监督环境保护的权利。公众认为其环境权益受到侵犯的，可以通过法定途径寻求行政或司法救济。

在实践中，如何保证公众能够及时获取环保部门反馈的意见，应该有具体实施细则。从时间、地点、获取渠道等方面应该有更加严格的规定。此外，专家团队、新闻媒体的公众参与权如何得以正确实施，也要有相关的法律规定。

本书建议，出台相关实施细则，对于公众参与环境保护的主体的地位进行正式界定。对于公众参与环境保护治理的具体权利进行更加清晰的界定。比如公众环境信息知情权如何保证落实，应该规定相应环保部门按照规定时间，在规定媒体或者规定地点，由规定的个人，以规定的方式发布环境信息。这样变成一种例行的方式，有利于公众积极参与。对于公众的监督权也应该有具体细则保障。公众如何监督身边的污染，包括雾霾污染，应该规定每个区域所有产生环境污染的单位在醒目的位置公布本单位的污染产生及治理措施，方便当地公众的监督。规定具体的检举渠道，受理检举的平台。对于环保部门的具体检查也应该有相应的规定，便于公众监督环保部门的履职情况。

要赋予社会工作的环境追索权。公众有权对造成本地环境污染，特别是雾霾污染的企业进行追索。将此项权限赋予公众，将有利于整个社会形成一种良好的氛围，激励公众积极参与到雾霾污染的防治过程中，并从中获得应有的收益，避免自身利益受到损害。

赋予新闻媒体环境采访权和报道权。不受干扰的采访权才能保证还原事实真相。应该通过立法或者法规的形式规定任何单位，特别是污染产生单位，在不妨碍生产的情况下，有接受媒体进行采访环境污染相关事项的义务。对于无故拒绝新闻媒体采访要求的企业或者污染产生单位要有相应的处罚规定。当然，也要有规定，新闻媒体不能编制谣言，应该以事实为根据进行采访报道。这使媒体的报道权得到充分保障，整个社会制止环境污染，当然包括雾霾污染的风气才能形成。

加强对雾霾治理的公众参与的法律法规的制定和完善。现有的《中华人民共和国大气污染防治法》自从 1987 年由全国人大常委会通过生效后，经过了 1995 年的修订、2000 年的修订、2015 年的修订。最新的修订版自 2016 年 1 月 1 日起施行。新修订法中第七条规定，公民应当增强大气环境保护意识，采取低碳、节俭的生活方式，自觉履行大气环境保护义务。第三十一条规定，环境保护主管部门和其他负有大气环境保护监督管理职责的部门应当公布举报电话、电子邮箱等，方便公众举报。环境保护主管部门和其他负有大气环境保护监督管理职责的部门接到举报的，应当及时处理并对举报人的相关信息予以保密；对实名举报的，应当反馈处理结果等情况，查证属实的，处理结果依法向社会公开，并对举报人给予奖励。举报人举报所在单位的，该单位不得以解除、变更劳动合同或者其他方式对举报人进行打击报复。第九十五条规定，省、自治区、直辖市、设区的市人民政府环境保护主管部门应会同气象主管机构建立会商机制，进行大气环境质量预报。可能发生重污染天气的，应及时向本级人民政府报告。省、自治区、直辖市、设区的市人民政府依据重污染天气预报信息，进行综合研判，确定预警等级并及时发出预警。预警等级根据情况变化及时调整。任何单位和个人不得擅自向社会发布重污染天气预报预警信息。预警信息发布后，人民政府及其有关部门应通过电视、广播、网络、短信等途径告知公众采取健康防护措施，指导公众出行和调整其他相关社会活动。

这几条规定有利于从政治上保障公民对于大气污染情况的参与权、知情权、检举权。但应该看到，随着我国经济社会的持续发展，一方面大气污染的情况不会在很短时间内得到完全解决，另一方面人民群众对于空气质量的要求越来越高。这种情况下，必须采取更加严格的举措，以保障雾霾治理的效果。从这个角度说，现有的大气污染防治方面的规定显得不够全面、不够具体。显然，从《中华人民共和国大气污染防治法》的规定看，对于大气污染治理过程中公众参与方面的规定，一是篇幅较少，二是不够具体。由于大气污染具有流动性、公众感受的直观性的特点。特别是大气污染中雾霾所导致的对于公众健康的影响以及日常生产生活的影响，使得雾霾治理成为社会关注的焦点。而吸收公众积极地参与到雾霾治理的过程中，对于雾霾治理的效果有非常大的影响。

所以，本书认为，应该对现有的法律法规进行完善。就我国的《中华人民共和国大气污染防治法》来说，在不违反现有规定的前提下，如果能够增加一些细则性的规定，则非常有利于公众参与大气污染，特别是雾霾污染的防治进程中。细则性的规定有利于从法律上界定公众参与雾霾治理的地位，为公众参与雾霾治理提供全面的政治保障。以本书的观点，除了中央政府制定全国性的雾霾污染防治的公众参与办法之外，各个地方也应该根据本地的特点，制定相应的适应地方特点的雾霾污染治理的公众参与办法，从政治上保障公众参与雾霾治理的权利。中央政府制定的相关办法可以从总体上界定公众参与的主体包括哪些、参与渠道、参与方式，政府部门信息发布的具体要求包括哪些部门、具体多长时间、要发布哪些内容、公众可以有哪些申诉的渠道等。地方政府制定的雾霾治理公众参与办法则需要着眼于本地实际情况。在与中央政府总体规定一致的前提下，突出地方特点。有的地区更加适合创建环境公益组织；有的地方民众个体参与程度更高；有的地区大气污染来自民众的成分更多，就需要民众参与中突出民众的义务。比如北方地区冬季采暖烧煤是导致雾霾严重的重要原因。所以这些地区的地方政府在制定雾霾治理的公众参与地方法规和政策时，应该突出这方面的规定。

只要各个地方根据自身特色，制定出相应的雾霾治理的公众参与方法并严格执行，就能为雾霾治理公众参与提供全面政治保障，也将有利于雾霾治理取得好的成效。

第二节　雾霾治理的公众参与的组织保障

任何一个阶层，要想保护自己权利的顺利实施，从而达到组织的目标，就必须建立相应的组织，并得到政府的承认。根据制度创新理论，当现有的制度体系缺乏，不能保证社会经济的持续健康发展时，就要进行相应的制度创新。合理的组织制度创新是制度创新的重点之一。合理的组织形式对于公众积极有效地参与到雾霾治理的过程可以提供有效的组织保障。能够避免当前雾霾治理公众参与方面存在的零散性、无计划性、盲目性、低效性问题。马歇尔在《经济学原理》（1890）一书中，第一次把组织作为与资本、劳动、土地相互并列的第四生产要素，强调了组织的重要性。学者们对于环境污染治理中公众参与的组织保障进行了相关研究，取得了一系列丰富的成果。归纳学者们的研究成果，对于制定适合我国雾霾治理过程中的公众参与的组织保障措施有重要的借鉴作用。

有学者认为，我国环境保护的公众参与方面存在组织体系不够完善的问题。与美国等发达国家的环境管理是自下而上开展不同的是，我国的环境管理中的公众参与是政府主导的自上而下的形式。这种参与方式下，参与主体主要依靠自身力量，以点状的方式参与到环境污染的治理中。这种情形下没有形成广泛的整体力量，缺乏系统的组织力量支持。为此建议引进社区磋商小组这种形式，增强公众参与环境污染治理的组织保障（陈梅，2012）。也有学者提出，我国现有的环境影响评价公众参与制度中，公众参与的组织性不够。所以，可以通过发展非政府环境组织以及基层群众自治的作用，提高公众参与的组织性，为环境保护的公众参与和雾霾治理的公众参与提供组织保障（赵洁，2016）。提高环境保护过程中公众参与的组织性是保障公众参与环境保护取得好的效果的必要条件（张兰，2007）。通过扩大环境保护中的非政府组织的力量，有助于提升环境治理的效果（李静，2015）。一项研究表明，加强非政府组织的建设可以为公众参与环境治理提供组织保障（康阳，2014）。

研究表明，农民工在输出地建立工会，该工会在务工输入地派驻常驻机构，吸收务工的农民工入会，由农民工输入地属地管理。采取这种方式，从组织上保障农民工的合法权益，实践中被认为是行之有效的方法。充分说明组织保障的重要性（潘学芳，2012）。还有学者提出，合理有效的组织是连接政府与农民、市场与农民、企业与农民、农民与农民的桥梁，有助于提高农民的收入（张润君，2003）。村基层组织的状况和效能直接关系到社会主义新农村建设的成败（孙金华，2007）。

学者们的研究成果可以看出：一是组织保障对于一项事业的顺利推进有举足轻重的作用。健全的组织保障，有利于凝聚全体成员的力量，集中群体的智慧，也有利于统一指挥，从而便于一项事业取得突破。二是在现有的研究中，关于雾霾治理过程中公众参与的组织保障方面的内容研究成果基本没有。这是因为，我国对于环境保护的重视由来已久，但由于雾霾污染的凸显主要是近几年的事情，对于雾霾污染没有引起足够的重视，包括雾霾污染具体的成因到现在还没有完全搞清楚。学者们对这件事的关注度还不是太高。现在我国的雾霾治理只是处于起步阶段，雾霾治理的公众参与方面更没有先例。现有公众参与环境治理办法中没有对雾霾治理进行突出的表述，将雾霾治理纳入整体环境治理的有效组成部分，这是有道理的。但我们应该看到，雾霾污染有其特殊性，与其他污染相比地域性较强，比如土地污染，工业废弃物污染主要受害者是本区域内的民众。而雾霾污染有很大不同，雾霾的突出特点是流动性和公众感受的直观性，以及对公众影响的广泛性。雾霾会全流域流动，因此如果每个地区只是重视本地雾霾治理则不能取得好的效果。同时雾霾有公众感受直观性特点，人们能够直接感受雾霾带来的危害，如咳嗽、感冒多发、日常交通受阻等。所以对于雾霾应该进行专门治理。

除了学术界对于我国雾霾治理的公众参与方面的组织保障研究较为薄弱以外，实践中对于雾霾治理的组织保障措施也比较薄弱。我国从中央到地方对于环境保护越来越重视。最近中央环保督查组进军全国所有省市进行督查，发现了许多问题，提出了许多整改措施。但是，也必须看到，现有的环境保护制度体系是就总体而言。专门对于雾霾治理的组织保障措施的规定还比较少。本书认为，由于我国雾霾污染的特殊性，需要对雾霾污染治理过程中的公众参与进行专门的设计，提高可靠的组织保障。可以分两条线进行。一是政府层面的。从中央政府到地方政府相关部门可以在环境保护管理部门中专门设立一个部门，负责对于全流域范围内雾霾治理进行协调，包括对于公众参与的协调。有专门负责部门，有利于突出雾霾治理的重要性，有利于发挥各个地区治理雾霾污染的合力，保障雾霾治理的成效。二是公众的组织性。众所周知，我国现在雾霾污染治理中，公众参与的热情、公众参与的渠道、公众参与的成效都不够显著。一个重要的原因是组织性不够。时常出现一些现象，某个地方新建设一个环保项目，当地民众在无组织的情况下，自发地以游行甚至围堵地方政府的非理性方式表达自己的环境诉求。这样显然不能取得理想效果。所以本书建议，各个地方政府应该帮助本区域范围内民众自发成立相应的环境保护组织，就雾霾治理而言，成立民间自发的雾霾污染治理公众参与的组织，政府进行引导，组织成员自发管理。以后可以在统一组织下对本地区雾霾污染的事件进行调查，反映公众诉求，甚至提出环保诉讼。只有这样做才能保障雾霾治理公众参与取得实实在在的成效。

第三节　雾霾治理的公众参与的能力提升保障

根据学者们的观点，可以看出，公众参与主要通过以下几种方式进行：信息交流、咨询、参与、协作、授权决策等。无论采用哪种参与方式，都必须具备必要的前提，那就是参与主体应该具备相应的参与能力。公众的参与能力包括获取信息的能力、分析信息的有效性和科学性的能力、提出建议的能力、参加诉讼的能力、协作能力等。显然，依照我国公众现有的能力状况，各种参与能力能够达到要求的很少。所以，需要通过有效的措施，为雾霾治理过程中公众的能力提升提供有效的保障，这样才能全面提升公众参与雾霾治理的能力。

学者们对环境保护方面的公众参与能力进行相关研究，取得了一系列成果。有学者提出，在将某项公共事业特许经营权授予相关单位前，应该要求相应单位履行信息公开义务，保证公众的知情权。同时，为了提升公众信息获取能力，应该增加对相关知识的科普，提高公众的参与能力（邓敏贞，2016）。也有学者提出，在农村生态环境治理过程中，通过加大宣传与教育是不断提示农民环保意识与能力的重要途径（谭姣，2012）。还有学者提出，提升公众参与能力要从强化公众的公民精神、提升具体参与过程中的公共精神、对公众进行相关知识的教育培训等三个方面进行（王京传，2013）。政府应该在全社会普及环境教育，弘扬环境文化，倡导生态文明，以此提高公众的环境意识，提高环境道德素质（杨凌雁，2009）。此外，有研究表明需要推动环保教育，提升公众对于雾霾知识的认识，从而增强公众参与雾霾治理的能力（崔长勇，2016）。通过提高参与主体的参与能力来提升我国环境治理公众参与质量和效果（王红梅，2016）。要实行环境教育改革，根据城乡居民的不同特点进行环境教育和宣传，以此提升公众参与环境治理的能力（张雪琴，2006）。

通过学者们的研究成果可以看出几点。一是当前我国环境治理中公众参与能力普遍不高。表现在公众参与环境保护的意识不强，许多社会公众对于环境污染的来源并不清楚。就雾霾污染治理来说，每个公众都抱怨雾霾污染给我们的生活、工作、健康造成了危害，但很少有人知道我们个人的人为因素也是导致雾霾污染的重要原因。这种情况下，由于个体对于我国环境保护相关知识的缺失，不能有效履行参与环境污染治理的权利。二是当今社会提升公众参与雾霾治理的能力途径较为缺乏。尽管越来越多的人意识到环境保护包括雾霾治理与每个人息息相关，但整个社会中能够为社会公众提升雾霾治理能力的教育和培训严重不足，导致较长时间内我们社会公众在治理雾霾污染的参与方面存在天然的能力缺陷。

针对这种情况，笔者提出以下一些观点。本书认为，要提升公众参与雾霾污染的治理能力，必须建立一套科学全面的公民参与能力保障体系。这套保障体系包括以下两个方面：

（1）公民参与雾霾治理能力提升的宣传体系。这套体系主要由政府主导，结合民间力量进行。政府可以指定专门的宣传机构，在指定的宣传平台，或者与社会媒介合作，进行环境保护相关知识的宣传，提高公众对于环境保护重要性的认识，提升公众对于环境污染成因和治理措施的认识，提升公众积极参加环境保护的积极性。特别是针对我国近几年雾霾频发的实际情况，加大雾霾治理相关知识的宣传，包括雾霾污染的表现，雾霾的成因，雾霾与个人的生活、工作的关系等方面的知识宣传。

可以采用的媒介很多，比如各级政府部门的网站、国有电台、电视台、网站、报纸等媒体，可以指定版面宣传环境保护的知识。也可以联合民办媒体，通过政府购买服务的形式宣传环境保护的知识，各个基层组织利用宣传栏、路边广告牌等宣传环境保护知识，增强人民对于环境保护的认识。通过持续广泛的宣传，在全社会形成人人重视环保，参与环境保护光荣的氛围。

（2）公民参与雾霾治理的教育培训体系。雾霾治理是一个长期的过程，对于雾霾治理的公众参与能力的培养也是一个长期的过程。应该从国家层面入手，建立相应的科学全面的教育培训体系。就全国而言，在相应的教育规划中应该列出环境保护相关知识的灌输内容，当然也包括雾霾治理的相关知识。通过制定相关的教育规划，将环境污染等方面的知识纳入正式的国民教育体系中。从儿童时代起，学生就应该接受环境保护的相关知识，增加环境保护的意识，提升环境保护的能力。平时应该在学校的教育中，加入相应的实践内容，锻炼同学们参与环境保护，包括雾霾治理的能力。比如组织义务清扫某条街道垃圾，清理某一条河道等，让同学们从小意识到环保是每个人的职责，同时在实践中提升对于环境污染来源的知识的理解。

除了学校的教育体系外，充分发挥社会培训的功能。以基层社区为基本的培训点，定期邀请专业人士进入社区进行相应的环境保护专业知识的培训，包括对环境污染的种类、来源、原因等的认识，获取信息的能力的提升、相应法律法规的知识等。通过社会力量进行提升还包括增加环保组织的能力。在我国经济发展新常态下，人民对于生活品质的要求越来越高。这种情况下，越来越多的环保组织应运而生。要充分运用环保组织的力量，在全社会进行宣传培训，提升广大公众的环境保护意识，当然包括雾霾治理的意识和能力。政府可以对相关环保组织的培训提供一定的场所和经费支持，以此提升环保组织的积极性，提升环保组织进行相应培训的质量。

本章小结

本章阐述了我国雾霾治理过程中公众参与的保障机制。从公众参与雾霾治理的政治保障、组织保障和能力提升保障三个方面展开。通过本章内容的研究，可以更加清晰地认识到，为了保障我国雾霾治理的公众参与的实施效果，需要提供多层面的保障措施。只有这些保障措施落实到位，才能使得我国雾霾治理的公众参与机制得以真正落实，取得实实在在的成效。

第十二章　雾霾污染公众参与案例

本章对两起环境污染引起的废气排放事件进行阐述。详细阐述两起案件中公众参与方面的做法，总结两起案件带来的经验教训。以此证明当前我国公众参与雾霾治理过程中需要具备科学性、组织性，需要公众和政府、企业的协调，才能取得好的效果。

第一节　广州番禺垃圾焚烧事件

一、事件发生的背景

番禺区是广州市的一个市辖区，位于中国广东省中南部，珠江三角洲腹地，珠江口西北岸。近年来，广州市实行向南拓展战略，番禺是广州市“南拓”的重点区域，区位优势明显，水陆交通便利，是广州市重要的工业强区和重要的工业出口基地之一。除了工业发展水平较高以外，得益于其独特的区位优势，旅游和房地产业发展也非常迅速，著名的旅游景点就有：国家 AAAAA 级旅游景区长隆旅游度假区、国家 AAAA 级旅游景区莲花山、隐居主题生态会所茂德公草堂。

番禺区总面积 786.15 平方千米，户籍人口约 100 万，常住人口约 201 万，人口集聚度很高。下辖 10 个街道办事处、9 个镇。由于该地区经济发达，特别是工业企业众多，加上人口总量大，由此产生的工业垃圾和生活垃圾数量惊人。根据该地区 2009 年的统计数据显示，番禺区每天产生垃圾约 2000 吨。当时该地区主要采用传统的填埋方式处理垃圾。按照传统的垃圾填埋处理手段，番禺的垃圾填埋场容量只能维持两年左右。因此，政府部门考虑建设占地少、效率高、能产生能源副产品的垃圾焚烧发电厂，改传统的填埋式垃圾处理为新型的焚烧发电式处理。很显然，用垃圾焚烧发电技术处理垃圾不仅能够达到垃圾处理的效果，还能够产生电能，是一举两得的好事。为此，从2003年起，该区开始着手垃圾焚烧厂的选址工作，并会同市、区两级国土、规划有关部门历经3年多调研和选址论证。2006年，初步确定大石街会江村现大石简易垃圾处理厂作为新建生活垃圾焚烧发电厂的选址，并取得规划部门的项目选址意见书。

二、事件冲突发生的过程和结果

2009年9月23日上午，广州市容环卫局举行例行市民接访。在这次接访会上，广州市容环卫局宣布，根据统一的规划，在完成环评工作后，番禺垃圾焚烧发电厂项目即将开工建设。从当年的9月24日起，江外江、祈福人等华南板块楼盘的业主论坛上就出现了广泛质疑。大家质疑的焦点主要是在住宅密集区附近建设垃圾焚烧发电厂是否合适。随后的半个月时间内，针对此事的网络讨论持续增多。一些比较知名的论坛，如丽江花园、江外江、祈福人等业主论坛还辟出专版，讨论垃圾焚烧发电厂有关问题。参与讨论的人员逐渐增多，相关网帖在不到一周的时间里超过一千条。

随着时间的推移，民众在虚拟世界中表达的相关诉求越来越多、越来越热烈，同时相应的诉求没有得到及时回应。在此情况下，现实世界中的行动开始发酵：有的业主出资印制了大量传单，在华南板块的各个小区派发；还有的小区，如丽江花园、南国奥园、广州碧桂园等多个小区开展“反建”签名行动，很快获得数百业主签名支持；而网名为“kingbird”、“姚姨”等9名业主网友一起前往已经建成的白云区李坑垃圾焚烧发电厂调查，事后发帖称经过他们的详细调查，结果令人触目惊心。随着网上讨论和线下行动不断持续升温，政府方面意识到发生在身边的汹涌民意所产生的巨大影响。由于此前没有重视网络舆情，没有对民意进行及时回应，造成了“被动居民”。在此情况下，政府部门改变以前被动应付的方式，采取了一系列主动的举措。10月30日，番禺区召开生活垃圾焚烧发电厂项目通报会，向民众说明情况以应对舆论压力。在通报会上市政园林局负责人表示“这一项目将采用欧洲成熟的垃圾焚烧发电技术，不会对周围市民的生活环境造成影响，所以项目的安全性可以完全得到保证”。会上请到了4名业内权威专家从专业方面进行解读，主要包括：解决垃圾围城问题刻不容缓、用垃圾焚烧发电后的排出物无害无污染等方面。希望通过专家解读，让民众了解兴建该项目的必要性，以此打消公众疑虑。

但政府部门的解读并没有起到应有的效果，此后一系列关于兴建垃圾焚烧发电厂的讨论依然在进行。同年 11 月有人发起了“拒绝毒气、保护绿色广州”的签名活动，该项活动得到逾万名华南板块业主的支持。在广州地铁里，穿环保 T 恤、戴防毒面具、手举“反对垃圾焚烧、保护绿色广州”口号牌的环保女孩通过网络发帖自述，这种方式将现实世界的行动影响借助网络工具进一步扩大。并且网络讨论已经超出了单纯地表达不满和抗议的范畴，还出现了一些建言献策的网帖。针对这种情况，11 月 9 日，广州市政府有关部门出面进行了表态，内容还是坚持按照目前的垃圾处理相关规定，番禺的垃圾只能在番禺区内处理。而且有关番禺垃圾焚烧发电厂的环评工作正在按程序推进，并仍然坚持现有选址方案最合理，且没有第二备选点。

显然这种舆情应对方式侧重于“堵”而非“疏”，并且比较强硬，这激化了民间情绪，诱发了民意的进一步转化和集中。此后，民众的关注点也变得比较激进，很多业主网民在网上发了比较激进的观点，他们有人认为只有直接反对建设任何垃圾焚烧厂，才能获得更多人支持，否则很容易被政府“将军”，还有人提出“我们反对的不是在番禺处理自己的垃圾，而是焚烧垃圾的方式，更反对在人口如此稠密的地方焚烧垃圾”。这些观点逐渐成为网络上的主流观点，获得了越来越多的人支持。显然，政府部门对于舆情的忽视和轻视导致了舆情的进一步升级。与此同时，业主们还联系了许多外地媒体，希望得到更广泛的声援。多家中央媒体、知名市场化媒体派记者到广州，做进一步的深度调查。11 月中下旬，“番禺垃圾门”在全国各类媒体的广泛关注下，迅速成为舆论关注焦点。据人民网舆情监测室后来对国内 135 家报纸的监测，中央媒体、地方媒体、市场化媒体 11 月关于“番禺垃圾门”的报道篇数分别是 10 月的 3 倍、6 倍、9 倍。就连最权威的媒体《人民日报》、中央电视台、《中国新闻周刊》等中央媒体也纷纷集中报道“番禺垃圾门”，其中《人民日报》、人民网的时评《决策不能“千里走单骑”》、《民意更重要——广州番禺居民对垃圾焚烧项目坚决说不》被业主在网上广泛转帖，视作权威媒体对社区居民诉求的支持。国外媒体如英国《金融时报》中文网、《联合早报》、美国中文网、中国评论新闻网、自由亚洲电台、《大公报》、《文汇报》、《明报》等 20 多家境外媒体纷纷刊文，对番禺垃圾焚烧事件表示关注，凤凰卫视“一虎一席谈”做了专题节目，请业主代表参加了节目辩论。来自全国各地的一批知名网民也发博文，一时间，反建垃圾焚烧发电厂的言论在全国各地呈爆发趋势。同时期，番禺区的相关业主们在祈福人、江外江等业主论坛持续讨论“如何让民意直达政府”、“如何合理合法表达诉求”这些议题。期间有网民提出要动员大家一起参加 11 月 23 日的“广州市城管委接访日”，向市政府直接表达意见。这一提议迅速获得赞同，数日内新浪微博、Twitter、开心网、天涯社区、江外江论坛、祈福人论坛随处可见业主们自制的交通路线示意图及相关情况介绍。

12 月 20 日，番禺区委书记谭应华应丽江花园业主代表邀请，与反对垃圾焚烧的业主座谈，表示已证实，会江垃圾焚烧项目目前已经停止。自此，番禺区垃圾焚烧事件暂时告一段落。

有学者对这一事件进行了研究。李宗录（2010）从系统工程冲突的角度，对广州番禺垃圾焚烧发电厂事件进行分析，认为存在八种可行的结局。在这起事件中，广州番禺区政府和当地居民存在不同的偏好向量。

第二节　浙江农民抗议环境污染事件

一、事件发生的背景

浙江京新药业股份有限公司坐落于浙江省新昌县青山工业区，是一家国家药品 GMP 认证、ISO14001 环境认证企业，拥有博士后工作站的国家重点高新技术企业。京新药业前身为浙江京新制药厂，始建于 1990 年。京新药业的半成品生产厂，位于浙江中部新昌县和嵊州市交界处，工厂后方即是受污染的新昌江。嵊州市境内的黄泥桥村距该厂最近处仅有几十米。

建厂后不久，当地村民就发现了相应的环境问题。建厂生产 3 个月之后，当地村民发现井中的地下水已经不能饮用。后来的几年里，村民们发现了越来越多的环境污染问题。河里的鱼、虾、田螺甚至青蛙都绝迹了，田里的庄稼开始大幅度减产。最让村民不能忍受的是化工厂所排放出的气体让村民有一种“宁愿被打死也不愿被熏死”的感觉。村里的小伙子们体质严重下降，在入伍体检中都被查出肝功能不达标，由此失去了入伍的机会。据反映，该村 35~40 岁的村民患肝病的人超过 50%，而 40~45 岁以上的肝病患者高达 60%。2005 年 6 月 22 日，京新厂发生爆炸，造成 1 死 4 伤的悲惨结果。

二、事件发生的过程和结果

2005 年 6 月 22 日发生的爆炸事件直接点燃了村民心中的不满和恐慌情绪。7 月 4 日，黄泥桥村大约 50 名村民到京新药厂反映污染问题，并要求厂家为村民进行体检并赔偿“营养费”。但厂方领导消极应对，一再推迟见面时间，这种消极的应付方式使得村民情绪开始激动，并将接待室的玻璃门砸坏，由此引发村民与厂家的第一次冲突。

这起事件引起新昌县和嵊州市两地政府官员的重视，7 月 5 日，在政府劝说沟通之后，化工厂于当晚紧急停产，村民们也返回家中。但这一事件又引发新昌江下游同样遭污染侵害的嵊州村民的关注。化工厂紧急停产后，400 多个反应炉中还存有 1000 吨化学物品，有关专家认为这些原料如不及时处理，容易引发燃烧和爆炸。于是政府同意工厂在 7 月 15 日 8 点开始用 7 天时间处理该批危险化学品。

政府关于处理危险化学品的公告发出之后，并没有详细地向村民解释相关情况，导致村民们产生了误解，以至于村民们以为是化工厂以此为借口重新开工。所以 7 月 15 上午，数百名黄泥桥村的村民聚集在化工厂门前要求工厂立即停止生产，并与保安以及前来维护治安的警察发生冲突。据称，当天本地村民加上从四面涌来的围观群众，化工厂门前大约有数千人。当晚，在当地官员劝说下，黄泥桥村的村民返回家中等待消息。不料，新昌江下游的村民们在得知 7 月 15 日发生的事情之后，决定声援黄泥桥村。因为有的村民认为，只有将事情闹大，才能引起政府的重视。16 日晚，由于当地大范围停电，无事可做的村民开始从四面八方涌来，警察在 104 国道和新昌高速公路口设置关卡，仍然无法阻止村民的脚步。警方在化工厂门前安放巨型水泥管道充当隔离墙，防止村民冲进厂区造成意外。双方处于对峙状态，村民投掷石块，但警方为防事态扩大没有还击。后来台风袭来，暴雨驱散了人群，缓解了危机。接下来的几天里，化工厂附近村民有过几次小规模聚集，没有造成冲突。至 21 日上午 7 点，化工厂完成处理危险化学品之后，厂外已经没有村民聚集，警察也已撤离。据官方提供的材料称，整个事件中，警方表现克制，没有造成人员死亡。

第三节　案例分析

综观这两起案例，一起是垃圾焚烧厂建设，公众担心垃圾焚烧过程中产生的废气排放对于公众身心健康产生负面影响，从而产生相应的抵触反应；另一起是化工厂排出的废水和废气已经对周围村民产生了负面影响。特别是废气所带来的后果让村民无法忍受。可以说，这两起环境事件都是雾霾污染事件。两件事件一件是政府部门作为主体，另一件是企业作为主体。归结起来有相同之处。

一、公众的知情权没有得到及时响应

番禺区垃圾焚烧项目在该项目的实施前期没有向公众详细说明该项目在该地区实施的必要性、科学性和安全性。公众们在不知情的情况下显然会本能地对该项目产生不信任感，由此会产生一定的抵触情绪。京新化工厂生产之初也没有告知当地民众化工生产可能产生的危害，以及该化工厂如何保证生产的安全性，避免对当地的环境产生危害，对当地群众的生产生活产生影响，如果产生危害应该如何补救等。这些信息公众不知情，后来化工厂停产后决定处理危险化学品，这一举动本来是正常和必需的，但还是没有向公众完全解释清楚危险化学品必须立刻处理的原因，加上此前公众的不满情绪还没有得到平复，公众们的知情权还没有得到完全满足。

综上所述，可以看出这两起环保事件中，公众的知情权都没有得到很好的满足。在公众知情权没有得到满足的情况下，就不可能知道所兴建项目的危害，也就不可能建立对于其他人的信任。

二、项目投资缺乏公众的参与

现在国内很多项目投资前，缺少与当地公众的沟通。项目投资往往由企业自己做主，认为只要符合政府相关规定，甚至不符合规定，只要能够以各种手段取

得生产资格就私自生产，丝毫不顾及对当地民众生活和身心健康的影响。第一起事件中，垃圾焚烧发电项目建设本来是好事情，有利于当地垃圾科学处理，还能够提供一部分电力，可以说是变废为宝的好事。但由于政府实施垃圾焚烧发电项目之时，并没有吸收公众的参与。公众对于垃圾焚烧项目只是被动接受，公众的知情权、参与调查决策权等都没有得到保证。这件事情的主体是政府，并没有将公众作为垃圾焚烧发电项目的必要主体，所以导致这项利国利民的垃圾焚烧发电项目进展不顺利，最终搁浅。

第二起事件中，京新药业有限公司兴建该化工项目时，也没有吸收当地公众的参与。这在我国当前许多地方依然是普遍现象。一个企业到某地投资，只考虑到与当地政府部门打交道，只要在政府部门办妥了相关手续就进行开工，不太顾及当地民众的感受。特别是一些重污染的企业更是为了自己的经济利益，忽视环境保护工作，明知生产过程中会产生各种有毒有害物质，却没有采取相应的环境保护措施，有时反而故意隐瞒事实，对于公众提出相应的建议置之不理。这种做法更是违背了环境保护的公众参与原则。本起事件中，当地公众对于京新药业有限公司项目的兴建没有事前参与，也没有事中参与，只是在该公司产生的污染达到公众无法忍受的情况下提出相应的意见，而这些意见还没有得到足够的重视。显然该事件中公众只是在事后进行了一些被动参与，且被动参与的效果还没有得到保证。严格意义上说，这件事件中公众参与权没有得以体现，才导致后来一些方面现象的发生。好在经过各方的共同努力，没有产生更坏的影响。

三、政府的职责履行不力

第一起事件中，垃圾焚烧厂是由地方政府牵头进行建设的。政府作为垃圾焚烧厂建设的主体，需要履行应有的职责。其职责之一就是履行信息公开义务，履行向当地居民咨询和调查义务。应该在该项目开始前向当地居民进行详细的咨询调查，了解当地居民对于垃圾处理的意见，对于政府拟建设的垃圾焚烧发电项目的看法和想法。同时，应该将政府方面的想法以适当渠道向社会发布，让当地的民众了解政府的做法。对于垃圾焚烧发电项目的必要性，实施具体过程，以及可能对于当地民众产生的影响这些信息都应该公之于众。只有当地民众对于该项目的实施过程完全了解并且赞同，才能保障垃圾焚烧发电项目的顺利进行。显然，这起事件中，政府这方面的职责履行是不够的。

第二起事件中，当地的浙江京新药业股份有限公司在生产过程中产生了严重的废水废气污染，给当地居民的身体健康和财产造成了重大损失。但当地居民反映的情况迟迟没有得到上级部门的响应，问题没有及时解决，并且随着时间的推移，问题变得越来越严重。从这方面看，政府的监管职责没有得到切实履行。政府是公共事务的管理者，赋予监管辖区内所有企事业单位按照国家规范进行生产，监管所有单位达到国家规定的环境标准的义务。政府相关部门应该经常性深入各个单位，特别是环境问题较为严重的单位，了解环境保护方面的情况，对于群众反映的环境污染问题及时调查处理。这是政府的分内之责。显然，这起化工厂废水废气排放事件中，当地政府环境保护监管部门监管职责没有履行到位，从而失去了当地民众的信任。结果出现了一些非常负面的结果，损害了政府的形象。

四、政府处置事件不够科学

随着我国经济社会的不断发展，所出现的公共管理事件将会日益增多。政府需要有足够的智慧解决未来会出现的问题。要针对未来可能出现的问题，制定相应的预案。在预案中应该规定环境项目实施的程序。比如针对环境保护可能出现的问题，根据各地实际情况，制定相应的预案，可以保障在相应问题出现的时候，做到科学有序进行处置。

第一起事件中，政府部门并没有制定一套科学的环境保护项目实施方案。政府在这起垃圾焚烧发电项目的实施过程中，具有比较强的主观性，还有一些随意性。如果有一套完整的预案，则可以避免这起事件的发生。关于环境项目的实施如果按照预先制定的程序进行，会减少相应事件后果的发生。

第二起事件中，当地的京新药业有限公司出现了严重的污染事件后，群众举报的污染事件没有及时受理。说明当地政府缺乏进行环境监督的一整套方案。由于没有相应的方案，对当地环境监管缺乏科学性。只是事件发生后进行相应的处理，这样效果不会好。假设当地政府事先对当前企事业单位有完整的监管，特别是对有毒有害物质产生单位环境问题有科学方案，在事前、事中和事后各个环节进行严格监管和科学监管，就不会发生案例中所出现的情况。

五、公众参与缺乏组织性和科学性

从上述两个案例可以看出，一方面我国环境污染过程中普遍缺乏公众的参与，另一方面极少量的公众参与环境污染案例中，还体现出组织性和科学性的缺乏，更多地表现为盲目性和个体性。以上述案件为例，第一起垃圾焚烧发电项目，公众知道兴建垃圾焚烧发电项目，没有组织起来采取理性的维权方式，只是在网络上和实践中以个体方式发表自己的意见，采取游行的方式发表自己的诉求。显然这些举动都缺乏科学性和组织性，这样做的结果并不能传达公众真实有效的利益诉求，政府部门也不能及时准确了解公众想要达到的目标。对公众而言，很多时候只是表达自己对于垃圾焚烧项目的不满之情，却很少有公众组织起来与政府部门坐下来一起协商如何做才能保障这个项目的顺利实施。

第二个化工项目导致的环境污染问题。这个案例中公众也没有事先组织起来，了解相关项目的进展，了解项目投产后可能会产生什么样的结果。在生产过程中，公众也没有派出相应的代表监督企业的生产可能带来的环境问题。就是在事后环境污染严重后，公众表达自己的诉求也没有组织起来通过正常科学渠道，全面反映所遭受的损失。实际上，当地公众采取了个体零散反映的方式，以及后来非理性聚集方式反映相应的诉求。这样的做法说明当地公众在参与环境污染的过程中，组织性和科学性还是不足的。由于环境污染参与过程中公众参与的组织性及科学性的缺乏，才导致了一些负面效果的发生。

综观以上几点，可以看出，我国环境污染过程中公众参与方面还存在很多不足之处。这进一步说明，要使得我国雾霾治理取得理想的效果，必须在雾霾治理的公众参与方面下功夫。通过改进我国雾霾治理的公众参与的现有做法，才能确保我国雾霾治理的公众参与方面能够取得满意的成效。

本章小结

本章通过阐述两个环境污染公众参与的案例，分析了当前我国环境污染公众参与方面的基本做法，从这些做法存在的不足之处，得出了相应的启示。从本章的分析来看，目前我国雾霾污染的治理过程中，公众参与程度不高，公众参与的能力，公众参与的组织性和科学性都有待提高。这说明，本书研究具有重要的现实意义。

参考文献

［1］王桂虎．“新常态”下的宏观经济波动、企业家信心和失业率［J］．首都经济贸易大学学报，2015（1）：3–10.

［2］刘伟，苏剑．“新常态”下的中国宏观调控［J］．经济科学，2014（4）：5–13.

［3］何黎明．“新常态”下我国物流与供应链发展趋势与政策展望［J］．中国流通经济，2014（8）：4–8.

［4］唐杰．“新常态”增长的路径和支撑——深圳转型升级的经验［J］．开放导报，2014（6）：11–18.

［5］杜威剑，李梦洁．经济新常态下出口增长动力机制研究——基于企业偏年度效应的分析［J］．经济评论，2014（6）：3–15.

［6］刘冰．经济新常态与经济增长的新变化［J］．宏观经济管理，2015（1）：31–33.

［7］龚维斌．社会治理新常态的八个特征［J］．中国党政干部论坛，2014（12）：31–35.

［8］余斌，吴振宇.中国经济新常态与宏观调控政策取向［J］．改革，2014（11）：17–26.

［9］薄伟康．我国经济新常态下增长潜能分析［J］．东南学术，2014（6）：3–10.

［10］李永亮．“新常态”视域下府际协同治理雾霾的困境与出路［J］．中国行政管理，2015（9）：32–36.

［11］程婷，魏晓弈，翟伶俐，朱宝．近50年南京雾霾的气候特征及影响因素分析［J］．环境科学与技术，2014（6）：55–63.

［12］宋怡欣．碳金融法律制度国际演进对我国雾霾治理的启示［J］．生态经济，2015（2）：44–50.

[13] 蓝庆新，侯姗. 我国雾霾治理存在的问题及解决路径研究 [J]. 青海社会科学，2015 (1)：76-80.

[14] 顾为东. 中国雾霾特殊形成机理研究 [J]. 宏观经济研究，2014 (6)：3-9.

[15] 白洋，刘晓源. "雾霾" 成因的深层法律思考及防治对策 [J]. 中国地质大学学报 (社会科学版)，2013 (6)：27-33.

[16] 柳玉清. 我国城市雾霾天气成因及其治理的哲学思考 [D]. 武汉理工大学硕士学位论文，2014.

[17] 任保平，宋文月. 我国城市雾霾天气形成与治理的经济机制探讨 [J]. 西北大学学报 (哲学社会科学版)，2014 (3)：78-85.

[18] 何爱平，石莹. 我国城市雾霾天气治理中的生态文明建设路径 [J]. 西北大学学报 (哲学社会科学版)，2014 (2)：35-38.

[19] 童玉芬，王莹莹. 中国城市人口与雾霾：相互作用机制路径分析 [J]. 北京社会科学，2014 (5)：4-10.

[20] 刘迅. 公众环境态度及行为与雾霾污染程度相关性研究 [D]. 南昌大学硕士学位论文，2014.

[21] 马丽梅，张晓. 中国雾霾污染的空间效应及经济、能源结构影响 [J]. 中国工业经济，2014 (4)：19-31.

[22] 王咏梅，武捷，褚红瑞，王少俊，景新娟. 1961~2012 年山西雾霾的时空变化特征及其影响因子 [J]. 环境科学与技术，2014 (10)：1-8.

[23] 于水，帖明. 变化环境下的地方政府雾霾污染治理研究——基于 354 个城市 2001~2010 年 PM2.5 数据的分析 [J]. 中国社会科学，2015 (6)：86-93.

[24] 冷艳丽，杜思正. 产业结构、城市化与雾霾污染 [J]. 中国科技论坛，2015 (9)：49-55.

[25] 王彦囡. 城市雾霾的外部成因及对公众的影响分析 [D]. 中国科学技术大学硕士学位论文，2015.

[26] 陈桂秋. 城镇化过程中的雾霾发展格局 [J]. 社会科学家，2014 (6)：46-49.

[27] 韩文科，朱松丽，高翔，姜克隽. 从大面积雾霾看改善城市能源环境的紧迫性 [J]. 价格理论与实践，2013 (4)：27-31.

[28] 刘太刚，龚志文. 华北雾霾区域合作治理的治本之策：房地产的省市际合作限产 [J]. 天津行政学院学报，2015（5）：37–43.

[29] 冯少荣，冯巍. 基于统计分析方法的雾霾影响因素及治理措施 [J]. 厦门大学学报（自然科学版）2015（1）：114–121.

[30] 许军涛，吴慧之. 城市雾霾危机治理的现实困境与路径探索 [J]. 理论视野，2015（5）：82–84.

[31] 刘强，李平. 大范围严重雾霾现象的成因分析与对策建议 [J]. 中国社会科学院研究生院学报，2014（9）；63–66.

[32] 戴星翼. 论雾霾治理与发展转型 [J]. 探索与争鸣，2013（12）：70–73.

[33] 茹少峰，雷振宇. 我国城市雾霾天气治理中的经济发展方式转变 [J]. 西北大学学报（哲学社会科学版），2014（2）：23–25.

[34] 严文莲，刘端阳，孙燕，魏建苏，濮梅娟. 秸秆焚烧导致的中国持续雾霾天气过程分析 [J]. 气候与环境研究，2014（3）：237–247.

[35] 周峤. 雾霾天气的成因 [J]. 中国人口·资源与环境，2015（S1）：211–212.

[36] 张丽亚，彭文英. 首都圈雾霾天气成因及对策探讨 [J]. 生态经济，2014（9）：171–175.

[37] 宋娟，程婷，谢志清，苗茜. 中国省快速城市化进程对雾霾日时空变化的影响 [J]. 气象科学，2012（6）：276–282.

[38] 何小钢. 结构转型与区际协调：对雾霾成因的经济观察 [J]. 改革，2015（5）：33–42.

[39] 段再明. 解析山西雾霾天气的成因 [J]. 太原理工大学学报，2011（9）：539–543.

[40] 东童童，李欣，刘乃全. 空间视角下工业集聚对雾霾污染的影响 [J]. 经济管理，2015（9）：28–40.

[41] 梁玉霞. 基于未确知测度理论的雾霾污染评价及应对措施研究 [D]. 河北工程大学硕士学位论文，2014.

[42] 刘晓红，槐斌贤. 雾霾成因、监管博弈及其机制创新 [J]. 中共浙江省委党校学报，2014（3）：75–81.

[43] 彭迪云，刘畅，周依仿. 长江经济带城镇化发展对雾霾污染影响的门槛

效应研究——基于居民消费水平的视角［J］. 金融与经济，2015（8）：36-42.

［44］宫长瑞. “雾霾”引发的深层法律思考及防治对策［J］. 江淮论坛，2015（1）：147-152.

［45］朱义青，胡顺起，曹张弛. 临沂市一次持续性雾霾过程的阶段性成因分析［J］. 环境工程学报，2015（12）：5980-5988.

［46］王文华，周景坤. 雾霾防治的金融政策之演进及展望［J］. 江西社会科学，2015（11）：40-45.

［47］姜丙毅，庞雨晴. 雾霾治理的政府间合作机制研究［J］. 学术探索，2014（7）：15-22.

［48］李征. 北京市雾霾污染的联防联控法律问题［D］. 中国社会科学院研究生院硕士学位论文，2013.

［49］郭方兴. 我国治理雾霾的法律对策研究——以限制工业排放为视角［D］. 四川省社会科学院硕士学位论文，2014.

［50］高婧. 雾霾防治区域联动法律机制探究［J］. 山西财经大学硕士学位论文，2015.

［51］郑国姣，杨来科. 基于经济发展视角的雾霾治理对策研究［J］. 生态经济，2015（9）：34-38.

［52］樊娴. 京津冀协调发展中的雾霾治理研究［D］. 河北大学经济学硕士学位论文，2015.

［53］陈开琦，杨红梅. 发展经济与雾霾治理的平衡机制［J］. 社会科学研究，2015（6）：42-47.

［54］孟春，郭上. 以新型城镇化破解雾霾困局［J］. 中国财政，2014（11）：12-20.

［55］魏巍贤，马喜立. 能源结构调整与雾霾治理的最优政策选择［J］. 中国人口·资源与环境，2015，25（7）：6-15.

［56］郭俊华，刘奕玮. 我国城市雾霾天气治理的产业结构调整［J］. 西北大学学报（哲学社会科学版），2014（3）：86-90.

［57］吴振磊，朱楠. 我国雾霾天气治理的城市化方式的转变［J］. 西北大学学报（哲学社会科学版），2014（2）：55-60.

［58］穆泉，张世秋. 2013 年 1 月中国大面积雾霾事件直接社会经济损失评

估 [J]. 中国环境科学，2013，33（11）：2087-2094.

[59] 曹彩虹，韩立岩. 雾霾带来的社会健康成本估算 [J]. 统计研究，2015（7）：20-24.

[60] 谢元博. 雾霾重污染期间北京居民对高浓度 PM2.5 持续暴露的健康风险及其损害价值评估 [J]. 环境科学，2014（1）：1-8.

[61] 储梦然，李世祥. 我国雾霾治理的路径选择 [J]. 安全与环境工程，2015（5）：23-28.

[62] 王惠琴，何怡平. 雾霾治理中公众参与的影响因素与路径优化 [J]. 重庆社会科学，2014（12）：42-48.

[63] 李丁，张华静，刘怡君. 公众对环境保护的网络参与研究——以 PX 项目的网络舆论演化为例 [J]. 中国行政管理，2015（1）：68-52.

[64] 廖琴，曲建升. 基于雾霾案例的新媒体时代科学传播范式研究 [EB/OL]. http：//www.cnki.net/kcms/detail，2016-09-06.

[65] 刘妍，薛志钢，柴发合，王丽涛，马京华，李文俊，高炜. 空气污染指数改进方案公众参与调查 [J]. 环境科学研究，2011（12）：1404-1409.

[66] 朱谦. 论环境保护中权力与权利的配置——从环境行政权与公众环境权关系的角度审视 [J]. 江海学刊，2002（3）：132-135.

[67] 李挚萍. 美国排污许可制度中的公共利益保护机制 [J]. 法商研究，2004（4）：135-140.

[68] 吴柳芬，洪大用. 中国环境政策制定过程中的公众参与和政府决策——以雾霾治理政策制定为例的一种分析 [J]. 南京工业大学学报，2015（6）：5-62.

[69] 谢瑾，黄劲松，王瑛. 中国网民的环境意识现状研究——基于雾霾天开车与否的网络调查数据 [J]. 中国人口·资源与环境，2015（11）：377-381.

[70] 王倩，丁娜妮. 论网络传播对公民环境素养的构建——以新浪网空气污染报道为例 [J]. 北京联合大学学报（人文社会科学版），2016（7）：25-31.

[71] 蔡守秋. 从雾霾论公共共用物的良法善治 [J]. 法学杂志，2015（6）：46-58.

[72] 宋晓鸥. 空气污染防治的法律支撑及其实施 [J]. 重庆社会科学，2013（5）：30-36.

[73] 郑思齐，万广华，孙伟增，罗党论. 公众诉求与城市环境治理 [J]. 管

理世界，2013（6）：72–84.

［74］张非非，郭莹玉，宋长青. 环保需要公众参与机制［J］. 瞭望新闻周刊，2006–08–21.

［75］徐骏. 雾霾信息公开机制构建研究［J］. 内蒙古社会科学，2016（7）：97–99.

［76］王红梅，王振杰. 环境治理政策工具比较和选择——以北京 PM2.5 治理为例［J］. 中国行政管理，2016（8）：126–131.

［77］张伟，孙宗科，吕祎然，徐东群，白雪涛，刘悦. 基于微信公众平台的北京市部分职工雾霾健康知识调查［J］. 环境与健康杂志，2016（2）：144–145.

［78］汪伟全. 空气污染的跨域合作治理研究——以北京地区为例［J］. 公共管理学报，2014（1）：55–65.

［79］张廷玉，祁新华. 雾霾治理的支付意愿研究——基于北京与福州的对比［J］. 理论视野，2016（7）：83–86.

［80］杨拓，张德辉. 英国伦敦雾霾治理经验及启示［J］. 当代经济管理，2014（4）：93–97.

［81］王义. 西方新公共管理概论［M］. 青岛：中国海洋大学出版社，2006.

［82］曲格平. 发展循环经济是 21 世纪大趋势——论循环经济［M］. 北京：经济科学出版社，2003.

［83］诸大建. 上海建设循环经济型国际大都市的思考［J］. 中国人口·资源与环境，2004（1）：30–35.

［84］王如松. 循环经济建设的生态误区、整合途径和潜势产业辨析［J］. 应用生态学报，2005，16（12）：2439–2446.

［85］黄贤金. 循环经济产业模式与政策体系［M］. 南京：南京大学出版社，2004.

［86］俞可平. 治理与善治［M］. 北京：中国社会科学出版社，2000.

［87］蒋春华. 论公众参与环境保护的理论基础［J］. 北方环境，2011（7）：26–28.

［88］刘昌黎. 90 年代日本环境保护浅析［J］. 日本学刊，2002（1）：80–90.

［89］胡岩. 法律视野下的德国环境保护［J］. 法律适用，2014（2）：116–118.

［90］郑雅方，邱秋. 美国环境立法前评估方法及其运用［J］. 环境保护，2015

(11)：66–68.

［91］王世群，何秀荣，王成军. 农业环境保护：美国的经验与启示［J］. 农村经济，2010（11）：126–129.

［92］王曦，谢海波. 美国政府环境保护公众参与政策的经验及建议［J］. 环境保护，2014（9）：62–65.

［93］黄德林，胡志超，齐冉. 美国调水工程环境保护政策及其对我国的启示［J］. 湖北社会科学，2011（5）：57–60.

［94］蔡岚. 空气污染整体治理：英国实践及借鉴［J］. 华中师范大学学报（人文社会科学版），2014，2（53）：21–28.

［95］Daniel A. Mazmanian. 美国洛杉矶空气管理经验分析［J］. 环境科学研究，2006（19）：98–108.

［96］雷秀雅，杨冬梅，高慧娴. 从国际模式看我国的环境教育现状与展望［J］. 环境保护，2013（13）：76–77.

［97］梁仁君. 关于我国高等学校开展环境教育的探讨［J］. 黑龙江高教研究，2005（6）：24–25.

［98］廖小平，孙欢. 环境教育的国际经验与中国现实［J］. 湘潭大学学报，2012（3）：156–161.

［99］雷洪德. 环境教育的结构性问题之解决［J］. 教育评论，2006（2）：44–46.

［100］王万轩. 论我国职业教育中的环境安全教育［J］. 教育与职业，2011（18）：158–159.

［101］张斌. 生态文明视域下环境教育论［J］. 环境保护，2010（3）：23–27.

［102］楼慧心. 试论环境教育在我国可持续发展中的特殊作用［J］. 中国人口·资源与环境，1998（6）：78–80.

［103］印卫东. 我国高校环境教育存在的问题与对策［J］. 教学研究，2012（5）：103–105.

［104］王菊平. 我国环境教育的发展及其制度选择［D］. 南京林业大学硕士学位论文，2007.

［105］赵宇. 我国环境教育的现状与对策分析［D］. 河北经贸大学硕士学位论文，2012.

[106] 刘卫华. 我国环境教育的现状与对策研究 [D]. 青岛大学硕士学位论文，2011.

[107] 才惠莲. 我国环境教育认证制度的构想 [J]. 中国高教研究，2015 (7)：84-88.

[108] 崔建霞. 我国环境教育研究的宏观透视 [J]. 北京理工大学学报（社会科学版），2009 (2)：91-94.

[109] 王忠祥，谢世诚. 中国环境教育四十年发展历程考察 [J]. 广西社会科学，2013 (10)：184-188.

[110] 刘思峰，郭天榜. 灰色系统理论及其应用 [M]. 郑州：河南大学出版社，1991.

[111] 赵文昌. 空气污染物对城市居民的健康风险与经济损失的研究 [D]. 上海交通大学博士学位论文，2000，2012.

[112] 布和. 论空气雾霾的产生机理及防治对策 [J]. 环境过程，2016 (34)：572-575.

[113] 窦红哲，赵月佳. 妊娠期女性暴露于雾霾天气的相关危害与个体防护的研究进展 [J]. 中国全科医学，2016 (11)：1255-1258.

[114] 田甜，成帅，张明，张少恒. 城市环境总体规划中的公众参与研究——基于 2015 年长春市居民生态环境满意度空间分析 [J]. 环境科学与管理，2016 (7)：25-30.

[115] 李静. 感知空气质量与公众满意度、环境行为意愿的关系研究 [D]. 中国计量学院硕士学位论文，2016.

[116] 杨宇希，叶军，白雪，鲁晓宇. 企业环境责任满意度的调查与分析：基于公众视角 [J]. 中国商论，2016 (10)：25-30.

[117] 李昊匡，李斯扬. 长株潭城市群公众环境质量满意度调查研究 [J]. 时代金融，2017 (3)：99-100.

[118] 韩宛霖. 创新社会治理模式的法治化研究——以公众参与社区治理为视角 [D]. 辽宁师范大学硕士学位论文，2015.

[119] 王祥兵. 二元结构背景下的农民工社会管理创新研究 [D]. 西南财经大学博士学位论文，2012.

[120] 莫琪江，齐鹏，张英芳，王晓娇，张英英. 甘肃省循环经济发展的公

众参与意识调查及分析［J］. 甘肃农业，2015（10）：43-45.

［121］范进利. 公众参与社会管理：动力因素分析［D］. 东北师范大学硕士学位论文，2013.

［122］吴晓东. 公众参与社会管理问题研究［D］. 天津大学硕士学位论文，2013.

［123］邢嘉. 我国环境保护中的公众参与制度研究［D］. 吉林大学硕士学位论文，2011.

［124］刘青峰，毛明明. 公共教育权力分享的风险防控研究——基于政府购买公共教育服务的理论视角［J］. 云南行政学院学报，2015（6）：135-140.

［125］窦炎国. 公共权力与公民权利［J］. 毛泽东邓小平理论研究，2006（5）：20-27.

［126］卓光俊，杨天红. 环境公众参与制度的正当性及制度价值分析［J］. 吉林大学社会科学学报，2011（7）：146-152.

［127］白春霞，焦杰. 论公共权力对女性形象的影响——以母系社会为例［J］. 山西师范大学学报（人文社会科学版），2011（2）：76-80.

［128］马燕，焦跃辉. 论环境知情权［J］. 当代法学，2003（9）：20-23.

［129］王元华. 民主行政的价值取向［J］. 扬州大学学报（人文社会科学版），2002（5）：66-69.

［130］公维友. 我国民主行政的社会建构研究—— 一个"治理共同体"的分享视角［D］. 山东大学博士学位论文，2014.

［131］陈艺丹. 政府公共权力的国际拓展［D］. 中国政法大学硕士学位论文，2010.

［132］刘筱，邹燕平. 深圳公众的社区归属感及其治理意义研究［J］. 中国软科学，2010（12）：97-106.

［133］冯建军. 公民社会认同教育：重建公民社会共同体——兼论公民社会认同危机［J］. 教育研究与实验，2014（2）：11-17.

［134］顾成敏. 公民教育与国家认同［J］. 郑州大学学报（哲学社会科学版），2011（7）：34-37.

［135］张建荣，李宏伟. 边疆民族地区 公民教育的价值意蕴与实践向度［J］. 兰州大学学报（社会科学版），2015（6）：180-186.

[136] 李建华. 公民认同：核心价值构建的现代政治伦理基础 [J]. 南昌大学学报（人文社会科学版），2014（5）：1-14.

[137] 李有发. 社会归属感的嬗变及其相关问题初探 [J]. 宁夏社会科学，2008（7）：73-75.

[138] 王丽. 公共治理视域下乡村公共精神的缺失与重构 [J]. 行政论坛，2012（4）：17-20.

[139] 张劲松，卢巧妹. 文化身份重构：民族、全球化与"一带一路" [J]. 云南社会科学，2016（2）：80-84.

[140] 李智. "农转非"型居民社区归属感研究——以宜宾岷江社区为例 [D]. 西南交通大学硕士学位论文，2013.

[141] 叶继红. 城郊农民集中居住区移民社区归属感研究 [J]. 西北人口，2011（3）：27-30.

[142] 高翔. 城市化与社区归属感研究 [D]. 云南大学硕士学位论文，2012.

[143] 李洪涛. 城市居民的社区满意度及其对社区归属感的影响——对武汉市 411 位城市居民的调查与分析 [D]. 华中科技大学硕士学位论文，2005.

[144] 单箐箐. 从社区归属感看中国城市社区建设 [J]. 中国社会科学院研究生院学报，2006（11）：125-131.

[145] 凡璐. 小镇居民社区归属感研究——以泰兴市黄桥镇 400 名居民为研究对象 [D]. 苏州大学硕士学位论文，2013.

[146] 李水根. 新小城镇居民社区归属感研究——以湖南浏阳大瑶新城为例 [D]. 华东师范大学硕士学位论文，2013.

[147] 任阵海，万本太，苏福庆，高庆先，张志刚. 当前我国大气环境的几个特征 [J]. 环境科学研究，2004（1）：1-6.

[148] 郑健，孙文娟. 基于等维灰数递补动态 GM（1，1）模型的城市大气环境质量预测研究 [J]. 内蒙古师范大学学报（自然科学汉文版），2013（9）：583-589.

[149] 王成祥. 聊城市大气环境质量影响因子与防治对策研究 [D]. 聊城大学硕士学位论文，2016.

[150] 寇栓虎，杨荣. 能源消费状况对延安市大气环境质量的影响分析 [J]. 干旱区资源与环境，2010（6）：82-86.

［151］姚婧，李清芳，宋卫华，张永江，王祥炳，陈军. 黔江城区大气环境质量与气象要素的关系研究［J］. 西南师范大学学报（自然科学版），2010（10）：113-120.

［152］陈朝晖. 区域大气环境质量问题的研究［D］. 北京工业大学博士学位论文，2008.

［153］郭勇涛，辛金元，李旭，王式功，李江萍. 沙尘对兰州市大气环境质量的影响［J］. 中国沙漠，2015（7）：977-982.

［154］梅雪芹，徐畅. "雾气何能致人于死"——1930 年比利时马斯河谷烟雾成灾问题研究［J］. 社会科学战线，2014（12）：61-70.

［155］潘小川、李国星、高婷. 危险的呼吸——PM2.5 的健康危害和经济损失评估研究［M］. 北京：中国环境科学出版社，2012.

［156］桑士达. 防治 PM2.5 的对策［J］. 人民论坛，2012（6）：61.

［157］张迪. 合作治理视域下雾霾污染区域网络治理模式探析［D］. 西南政法大学硕士学位论文，2012.

［158］孙路遥. 环巢湖地区雾霾天气下不同粒径大气颗粒物中正构烷烃污染和来源解析［D］. 合肥工业大学硕士学位论文，2016.

［159］梁玉霞. 基于未确知测度理论的雾霾污染评价及应对措施研究［D］. 河北工程大学硕士学位论文，2012.

［160］杨欢，李永美，王东军，柴可夫. 基于雾霾理论的中医诊疗探讨［J］. 中华中医药杂志，2017（2）：505-507.

［161］古丽娜尔·玉素甫，孙慧. 看不见的臭氧污染［J］. 生态经济，2015（10）：6-9.

［162］冯智朴. 提高早产儿生命质量的主要对策研究进展［J］. 中国全科医学，2010，13（7）：2407-2409.

［163］杨凤怡. 生态整体主义视阈下的雾霾污染治理理念研究［D］. 成都理工大学硕士学位论文，2015.

［164］薛元恺，周丽玲. 雾霾对中小学生呼吸系统急性症状的影响［J］. 中国学校卫生，2017（5）：785-786.

［165］周广强，陈敏，彭丽. 雾霾科学监测及其健康影响［J］. 中国学校卫生，2013（7）：56-60.

［166］郭世平. 公众参与生态文明建设的制度路径探索［J］. 学术交流，2014（1）：129–133.

［167］刘珊，梅国平. 公众参与生态文明城市建设有效表达机制的构建——基于鄱阳湖生态经济区居民问卷调查的分析［J］. 生态经济，2014（2）：41–45.

［168］秦书生，张泓. 公众参与生态文明建设探析［J］. 中州学刊，2014（4）：86–90.

［169］邓翠华. 关于生态文明公众参与制度的思考［J］. 毛泽东邓小平理论研究，2013（10）：48–52.

［170］梅凤乔. 论生态文明政府及其建设［J］. 中国人口·资源与环境，2016（3）：1–8.

［171］马彩华，赵志远，游奎. 略论海洋生态文明建设与公众参与［J］. 中国软科学（增刊），2010（8）：172–177.

［172］张晓慧. 生态文明城市建设的主体研究：政府、企业和市民［D］. 齐齐哈尔大学硕士学位论文，2013.

［173］王越，费艳颖. 生态文明建设公众参与机制研究［J］. 新疆社会科学，2013（5）：121–125.

［174］张文英. 生态文明建设中公众参与的动力机制［J］. 学校党建与思想教育，2014（5）：84–85.

［175］梅国平，甘敬义，朱四荣. 生态文明建设中公众参与机制探索——以江西鄱阳湖生态经济区为例［J］. 江西社会科学，2013（8）：63–67.

［176］付军，陈瑶. 推动环保公众参与　建设生态文明构建和谐社会［J］. 环境保护，2010（5）：38–40.

［177］陈润羊，花明，张贵祥. 我国生态文明建设中的公众参与［J］. 江西社会科学，2017（3）：63–72.

［178］施生旭，陈爱丽. 我国生态文明建设中的公众参与问题研究［J］. 林业经济，2016（3）：25–29.

［179］张静，杨俊辉. 新时期农村生态文明建设中的公众参与研究［J］. 农业经济，2016（7）：12–13.

［180］潘岳. 创新环保政策法规　推动经济社会转型［J］. 环境保护，2013（10）：10–11.

[181] 曹明德. 对修改我国环境保护法的再思考 [J]. 政法论坛，2012（11）：176–183.

[182] 李艳芳. 公众参与和完善大气污染防治法律制度 [J]. 中国行政管理，2005（3）：52–55.

[183] 邓小云. 公众参与环境保护的权利基础与立法完善 [J]. 河南师范大学学报（哲学社会科学版），2010（5）：91–94.

[184] 杜万平. 关于环境立法的过程与程序 [J]. 武汉大学学报（哲学社会科学版），2008（5）：320–324.

[185] 杨超. 关于我国环境保护公众参与的思考和建议 [J]. 环境保护，2016（11）：61–63.

[186] 史玉成. 环境保护公众参与的现实基础与制度生成要素——对完善我国环境保护公众参与法律制度的思考 [J]. 兰州大学学报（社会科学版），2008（1）：131–137.

[187] 卓光俊，杨天红. 环境公众参与制度的正当性及制度价值分析 [J]. 吉林大学社会科学学报，2011（7）：146–152.

[188] 柯坚. 环境行政管制困局的立法破解——以新修订的《环境保护法》为中心的解读 [J]. 西南民族大学学报（人文社会科学版），2015（5）：89–95.

[189] 肖强，王海龙. 环境影响评价公众参与的现行法制度设计评析 [J]. 法学杂志，2015（12）：61–63.

[190] 杨添翼，宋宗宇，徐信贵. 论生态危机视阈下的环境立法公众参与 [J]. 生态经济，2013（2）：161–163.

[191] 张晓文. 我国环境保护法律制度中的公众参与 [J]. 华东政法大学学报，2007（3）：57–63.

[192] 孙巍. 我国环境公众参与法律制度的立法完善 [J]. 学术交流，2009（8）：36–38.

[193] 宋菊芳. 协商民主视阈下公众参与环境立法的思考 [J]. 甘肃政法学院学报，2014（5）：127–132.

[194] 王凤. 政府、企业与公众环保行为博弈分析 [J]. 经济问题，2008（6）：20–23.

[195] 陈剩勇，徐珣. 参与式治理：社会管理创新的一种可行性路径——基

于杭州社区管理与服务创新经验的研究［J］. 浙江社会科学，2013（2）：62–71.

［196］朱慧卿. 创新社会管理亟需公众参与［J］. 人民论坛，2011（8）：62–63.

［197］李妍辉. 从“管理”到“治理”：政府环境责任的新趋势［J］. 社会科学家，2011（10）：51–54.

［198］郑俊田，郜媛莹，顾清. 地方政府权力清单制度体系建设的实践与完善［J］. 中国行政管理，2016（2）：6–9.

［199］沈佳文. 公共参与视角下的生态治理现代化转型［J］. 宁夏社会科学，2015（5）：47–52.

［200］夏莹. 公众参与社会管理创新的路径选择［J］. 人民论坛，2013（12）：152–153.

［201］尹少成. 国家治理体系现代化视野下的公众参与机制［J］. 社会科学家，2016（6）：53–56.

［202］晋海，王颖芳. 环评审批制度改革：进展、问题与对策［J］. 环境保护，2015（10）：32–36.

［203］谭健，潘有能. 基于公众参与的政府信息资源质量评估研究［J］. 情报杂志，2011（5）：90–94.

［204］刘柳珍. 论社会管理中的公众参与［J］. 求实，2011（8）：53–56.

［205］杨国栋. 论网络时代政府职能转变的十大取向［J］. 新疆社会科学，2010（6）：6–11.

［206］彭向刚，朱丽峰. 论我国服务型政府建设面临的现实困境［J］. 学术研究，2011（11）：36–46.

［207］王从彦，潘法强，唐明觉，姜琴芳，戴志聪，薛永来，杜道林. 浅析生态文明建设背景下政府行为的选择［J］. 生态经济，2015（12）：164–170.

［208］钱再见. 新型城镇化进程中的政府职能转变［J］. 中共浙江省委党校学报，2013（5）：451–458.

［209］宋国恺. 政府购买服务：一项社会治理机制创新［J］. 北京工业大学学报（社会科学版），2013（12）：10–16.

［210］王佳. 环境保护行政管理中的公众参与制度研究［D］. 中国政法大学硕士学位论文，2007.

［211］杨冬. 论我国环境保护公众参与制度的完善［D］. 河北经贸大学硕士

学位论文，2015.

［212］谭奕. 南宁市大气污染治理中的公众参与研究［D］. 广西大学硕士学位论文，2013.

［213］卓光俊. 我国环境保护中的公众参与制度研究［D］. 重庆大学博士学位论文，2012.

［214］刘媛媛. 中国公众参与环境保护问题研究［D］. 山东大学硕士学位论文，2015.

［215］廖琴，曲建升. 基于雾霾案例的新媒体时代科学传播范式研究［J］. 气候变化研究进展，2016，12（5）：389-395.

［216］肖薇薇. 环境知情权研究［D］. 西北农林科技大学硕士学位论文，2009.

［217］邓庭辉. 论我国环境保护公众参与的法律制度［J］. 环境科学动态，2004（2）：33-35.

［218］段志成，陈通，杨秋波. 灾后基础设施重建中公众参与的行为框架及路径分析［J］. 天津大学学报（社会科学版），2013（1）：54-60.

［219］万将军. 城市大气污染治理的公众参与问题研究——以成都市为例［D］. 四川省社会科学院硕士学位论文，2012.

［220］刘成伟. 机动车限行的行政法分析［D］. 中央民族大学硕士学位论文，2016.

［221］陈青祥. 我国大气污染防治法律制度研究［D］. 山西财经大学硕士学位论文，2015.

［222］任孟君. 我国区域大气污染的协同治理研究［D］. 郑州大学硕士学位论文，2015.

［223］杨艳东. 中国城市治理困境中的公众参与机制与效果分析［J］. 云南社会科学，2011（5）：20-23.

［224］李维维. 政治视阈下的当代中国环境治理问题研究［D］. 河北大学硕士学位论文，2016.

［225］吕忠梅. 公众参与还应弥补程序短板［J］. 环境经济，2015（Z9）：12-13.

［226］陈昕，张龙江，蔡金榜，王伟民. 公众参与环境保护模式研究：社区

碴商小组［J］. 中国人口·资源与环境，2014，24（3）：42–45.

［227］梁亚荣，吴鹏. 论南海海洋环境保护公众参与制度的完善［J］. 法学杂志，2010（1）：22–25.

［228］杨沛川，潘焱. 环境公众参与原则理论基础初探［J］. 经济与社会发展，2009（1）：86–89.

［229］王娜. 关于环境法中公众参与原则的思考［J］. 湖北函授大学学报，2011（7）：75–76.

［230］张津. 论我国环境法中公众参与原则的建设［J］.前沿，2012（3）：96–98.

［231］刘洪. 浅论环境保护法中的公众参与原则［J］. 福建广播电视大学学报，2009（4）：8–10.

［232］胡颖铭. 浅析环境公众参与原则的法理依据［J］. 辽宁行政学院学报，2007（3）：42–43.

［233］白利萍. 完善环境公众参与的基本途径——厦门 PX 事件的法律思考［J］. 经济研究导刊，2009（18）：203–204.

［234］高阳阳. 雾霾治理公众参与原则研究［J］. 法制博览，2017（5）：32–33.

［235］曾佳. 论我国邻避设施环境影响评价公众参与的冲突与协调——以北京至沈阳铁路客运专线建设项目为例［J］. 环境与可持续发展，2014，39（5）：124–127.

［236］任春晓. 环保公众参与的政治社会学研究［J］. 哈尔滨工业大学学报（社会科学版），2013（9）：134–140.

［237］吴金芳. 环境正义缺失之影响与突破——W 市居民反垃圾焚烧事件的个案研究［J］. 前沿，2013（2）：90–92.

［238］牛瑞芹. 试论环境保护中的公众参与问题［D］. 西安交通大学硕士学位论文，2006.

［239］邢嘉. 我国环境保护中的公众参与制度研究［D］. 吉林大学硕士学位论文，2008.

［240］范海玉. 论我国政府环境信息公开问责制度——基于公众参与外部问责模式的视角［J］. 法学杂志，2013（10）：53–59.

［241］李伟芳. 基于环境立法价值理念下的文化遗产保护研究［J］. 武汉大学学报（哲学社会科学版），2015（11）：112–119.

[242] 胡婧. 作为程序性基本权利的环境权 [J]. 四川师范大学学报（社会科学版），2014（9）：5-11.

[243] 李国平，陈曦. 中国低碳发展公众参与的五大战略 [J]. 中州学刊，2014（12）：36-40.

[244] 周京城，戴俊伟. 建立环境友好型社会的政治保障 [J]. 湖北经济学院学报（人文社会科学版），2006（3）：101-102.

[245] 于水，李波. 生态环境参与式治理研究 [J]. 中州学刊，2016（4）：80-86.

[246] 陈海嵩. 论程序环境权 [J]. 华东政法大学学报，2015（1）：103-112.

[247] 蒋红彬，方慧. 浅论环境法中的公众参与权 [J]. 经济与社会发展，2008（3）：113-116.

[248] 陈勇，于彦梅，冯哲. 论公众参与环境影响评价听证制度的构建与完善 [J]. 河北学刊，2009（1）：158-160.

[249] 沈榕，王建廷. 论我国环境法的公众参与制度 [J]. 法制博览，2016（10）：85-86.

[250] 梁亚荣，陈利根. 环境影响评价中公民参与权的保障——兼评《环境影响评价公众参与暂行办法》[J]. 南京农业大学学报（社会科学版），2006，6（3）：61-64.

[251] 吴鹏. 煤矿环境保护公众参与法律制度初探 [J]. 安徽理工大学学报（社会科学版），2011（3）：18-21.

[252] 陈梅，钱新，张龙江. 公众参与环境管理的模式创新及试点探讨 [J]. 环境污染与防治，2012，34（12）：80-84.

[253] 赵洁. 关于公众参与在环境影响评价制度中的推行现状以及改革思考 [J]. 绿色环保建材，2016（11）：14-15.

[254] 张兰. 我国公众参与环境保护立法实施机制初探 [D]. 中国政法大学硕士学位论文，2007.

[255] 李静. 我国环境保护公众参与研究 [D]. 西北大学硕士学位论文，2015.

[256] 康阳. 公众参与环境保护的法律制度研究 [D]. 大连海事大学硕士学位论文，2014.

[257] 潘学芳. 从你会到工会：农民工“双向维权”的组织保障 [J]. 焦作大学学报，2012 (6)：128-130.

[258] 张润君，李宗植. 试论我国农民增收的组织保障 [J]. 生产力研究，2003 (4)：68-70.

[259] 孙金华. 论社会主义新农村建设的政治组织保障 [J]. 华中农业大学学报 (社会科学版)，2007 (4)：24-27.

[260] 邓敏贞. 公用事业特许经营中公众参与的反思与走向——以若干典型垃圾焚烧发电厂公众维权事件为实证分析对象 [J]. 湖北社会科学，2016 (11)：140-148.

[261] 谭姣. 论农村生态环境治理政策过程的公众参与 [D]. 湖南师范大学硕士学位论文，2012.

[262] 王京传. 旅游目的地治理中的公众参与机制研究 [D]. 南开大学博士学位论文，2013.

[263] 杨凌雁. 试析环境影响评价程序中的公众参与 [J]. 湖北社会科学，2009 (5)：143-147.

[264] 崔长勇. 推进公众参与雾霾治理的对策研究 [J]. 郑州轻工业学院学报 (社会科学版)，2016，17 (4/5)：100-105.

[265] 王红梅. 我国环境治理公众参与 [J]. 求是学刊，2016 (7)：65-71.

[266] 张雪琴. 论我国环境保护中的公众参与 [D]. 中国地质大学硕士学位论文，2006.

[267] 李宗录. 广东番禺垃圾焚烧发电厂冲突事件分析 [J]. 山东科技大学学报 (社会科学版)，2010 (8)：81-85.